science・i

しぐさでわかる イヌ語大百科

カーミング・シグナルとボディ・ランゲージで
イヌの本音が丸わかり！

西川文二

SoftBank Creative

著者プロフィール

西川文二(にしかわ ぶんじ)

家庭犬のためのしつけ方教室、Can！Do！Pet Dog Schoolを主宰する。公益社団法人JAHA認定家庭犬しつけインストラクター。環境省主催「動物適正飼養講習会」平成20〜22年度講師。千葉科学大学動物行動学非常勤講師、ちば愛犬動物学園しつけ実習講師。東京都動物愛護推進員。雑誌『いぬのきもち』(ベネッセコーポレーション)の登場回数最多監修者でもある。その科学的な理論にもとづくトレーニング法は、多くの飼い主に支持されている。著書に『うまくいくイヌのしつけの科学』(サイエンス・アイ新書)、『改訂版 犬は知的にしつける』(ジュリアン)、『犬の保育園』(講談社)、『うちの犬にピッタリ! しつけ』(学研)、『もしも、うちのワンちゃんが話せたら…』(成美文庫)、ほかに監修書が多数ある。現在、『週刊ポスト』にてコラム「イヌのホンネ」を好評連載中(2012年12月現在)。

本文デザイン・アートディレクション：株式会社ビーワークス
イラスト：ヨギトモコ

はじめに

イヌたちは、人間の言葉を話しません。でも、彼らはとても雄弁です。みずからの心理状態を、置かれている状態を、ストレスのかかりぐあいなどを、目に見える形で私たちに語りかけてきます。

見える形とは、あるときは生理的な反応として、あるときはしぐさとして、そしてあるときは行動としてです。その反応、しぐさ、行動の1つひとつは、人間の言葉でいえば、1つひとつの単語と考えられます。読み手がその単語1つひとつの意味を知らなければ、全体で語っていることも理解できません。逆にその単語1つひとつを読み取ることができれば、彼らの心理状態、置かれている状態、ストレスのかかりぐあいを知ることができます。

本書は、その単語の1つひとつの読み方、その意味をひも解く1冊です。いわば、イヌ語の辞書のようなものですが、その言葉の成り立ちや隠された意味などにも言及しています。

イヌの行動やしぐさに関する解説書が、過去になかったわけではありません。ネット時代の現在では、検索すれば多くの行動やしぐさに関する知識が手に入ります。

ただ、それらの記述は、「AのしぐさはBの意味」と断定的に語るものがほとんどです。本書では、「Aのしぐさは結果的にCをもたらしているから、Bの意味」、あるいは「AのしぐさはDのメカニズムで起きるから、Bの意味」というように、なぜそういえるのかといった根拠の解説にスペースを割いています。そうした意味では、たんなる辞書というよりも百科事典のような位置づけになるといっていいでしょう。

第1章では、心理状態が読み取れる生理的な反応を取り上げます。その反応が引き起こされるメカニズムなどにも触れています。

人間ほどではありませんが、イヌも表情が豊かな動物です。第2章では、その表情、顔を構成する各パーツの変化などについて解説します。

第3章では、あくび、ため息などのしぐさ的なものを、第4章では地面のにおいを嗅ぐ、飼い主さんの顔をなめるなどの行動を、それぞれくわしく見ていきます。

近年、「カーミング・シグナル」と呼ばれるボディ・ランゲージからイヌの心理を読み取ることが重要視されています。このカーミング・シグナルに対する理解も、第3章、第4章で深めていきます。カーミング・シグナルはみずからを落ち着かせるため、あるいは、相手を落ち着かせるために取るしぐさや行動とされていますが、その行動がなぜ自分や相手を落ち着かせるのに役立つのか、そうしたことまで掘り下げてお話しします。

第5章では、イヌが示す行動の中で、特に人間にとって問題となる行動に、スポットを当てます。

最後の第6章では、イヌの「吠え」を解析していきます。「むだ吠え」という言い方をよく耳にしますが、吠えることも含めて、イヌの行動に理由のないもの、意味のないものは存在しません。吠え方の違いが聞き分けられれば、その感情の違いも読み取れるようになります。

また本書の特徴として、「ワン話休題」と称したコラムを挿入しています。われわれ人間からイヌに伝えられるしぐさもあります。そうしたしぐさの使い方などもここで取り上げています。

かつてイヌはわれわれにとって支配する対象でした。服従関係を築くことを理想としていたのもそのためといえます。いわば植民地支配における関係です。支配している側は、されている側の言い分に耳を貸さなくてもよかったといえます。しかし、いまは違います。現在われわれがイヌにも求めているのは、仲よく暮らす家族のような存在です。

仲のいい関係を築きたいのであれば、相手のいうことに耳を傾け、心理状態や置かれている状態を理解してあげることが大切です。ストレスがかかっているのなら、それを取り除いてあげることが重要です。

本書が、そうしたイヌと飼い主さんとの仲のいい関係づくりに役立つことを、心から願うところです。

2012年12月　西川文二

しぐさでわかるイヌ語大百科

カーミング・シグナルとボディ・ランゲージでイヌの本音が丸わかり!

CONTENTS

CONTENTS

第1章

生理的な反応を見る

1-01

目の色が変わる

怒り　うれしい楽しい　ストレス　恐怖　興奮

急になにかに夢中になったり激昂したりする様を、人間では「目の色が変わった」と表現することがあります。さて「本当に目の色なんかが変わるのだろうか？」という疑問がわきますが、目の色が変わったように見えるのは、実は瞳孔《どうこう》の大きさが変化することによるものです。

瞳孔は、虹彩《こうさい》に囲まれた穴で、この穴を光が通過して網膜にある視神経を刺激します。カメラでいえば、虹彩は絞りにあたり、瞳孔は光が通過する部分になります。

よく青い瞳、茶色の瞳などといいますが、あれは虹彩の色を指しています。ただし「目の色が変わる」のは、この虹彩の色が変わるのではなく、虹彩の大きさが変わることによって起こります。

虹彩の部分が小さくなれば瞳孔は大きくなり、逆に、虹彩の部分が広がれば瞳孔が小さくなります。瞳孔はたんなる穴で、そこから見えるのは透明な水晶体を通した網膜です。網膜は微妙な差があるものの、黒く見えます。よって青い瞳、茶色の瞳、グレーの瞳の人でも、瞳孔が広がれば目の色は黒っぽく見えるというわけです。

瞳孔は、暗い場所に行くと広がります。それ以外、交感神経が強く働くときにも、同様な変化が生じます。交感神経の作用で、アドレナリンというホルモンが体内に放出されます。その結果、瞳孔散大筋が興奮して瞳孔が拡張するのです。

交感神経が強く働くのは、ストレスが強くかかったときや興奮したときです。イヌが興奮していないのに目の色が変わって見えたら、ストレスがかかっていないかをまず疑ってみることです。

ちなみに、私のパートナー犬はというと、大好きなおもちゃを目にしたときに、興奮して目の色が変わるように思えます。

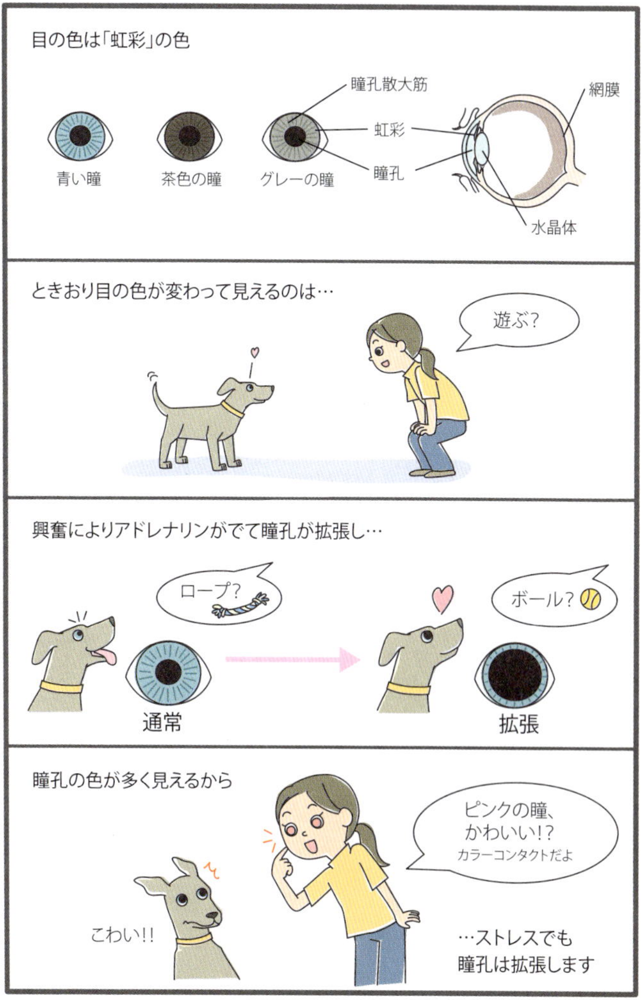
目の色は「虹彩」の色
青い瞳
茶色の瞳
グレーの瞳
瞳孔散大筋
虹彩
瞳孔
網膜
水晶体
ときおり目の色が変わって見えるのは…
遊ぶ?
興奮によりアドレナリンがでて瞳孔が拡張し…
ロープ?
通常
ボール?
拡張
瞳孔の色が多く見えるから
ピンクの瞳、かわいい!?
カラーコンタクトだよ
こわい!!
…ストレスでも瞳孔は拡張します

1-02

体が硬直する

ストレス　不安　恐怖

硬直する。立ちすくむ、足がすくむなどと表現したほうがわかりやすいかもしれません。恐怖や危険が迫ったときに、体が固まってしまう。

硬直の原因も交感神経の働きです。緊急事態に遭遇《そうぐう》すると、交感神経が強く働き、「闘争・逃走ホルモン」といわれるアドレナリンが体内に放出されて、全身の筋肉の硬直、呼吸・心拍数の増加といった生理的な変化が起こります。

恐怖や危険が迫ったときの行動としては、まず「その場から逃げる」というリスクのいちばん低い行動が優先して選択されます。しかし、逃げることもリスキーであったり、あるいは、逃げるか戦うかの選択ができないほどのストレスがかかっている場合は、その場で固まることになります。

イヌも、恐怖や危険が迫ったときに、この硬直をよく見せます。かつての私のパートナー犬がそうでした。水がきらいだったので、たとえば噴水の近くに行こうとすると固まってしまうのです。そのときに体に触れてみると、全身の筋肉がカチカチで、皮膚にも硬直が感じられたものです。

ストレスの軽減のためには、その場から立ち去ってあげるのがいいのですが、こうした苦手な刺激（この場合は噴水）に積極的に慣らしてあげるのも、イヌの将来にはプラスとなります。“慣らし”は皮膚の緊張をほぐすところから始めます。筋肉をぐりぐりするのではなく、皮膚だけが動く程度の圧力をかけ、「の」の字を描いたり、下から上に皮膚をもち上げるようにマッサージします。

シッポのつけ根をもって、円を描くように回す方法も効果があります。緊張度が高いと、シッポのつけ根周辺の筋肉も硬直していて動きが悪いのですが、マッサージをじょうずに行うと緊張をほぐすことができ、シッポの動きもスムーズになります。

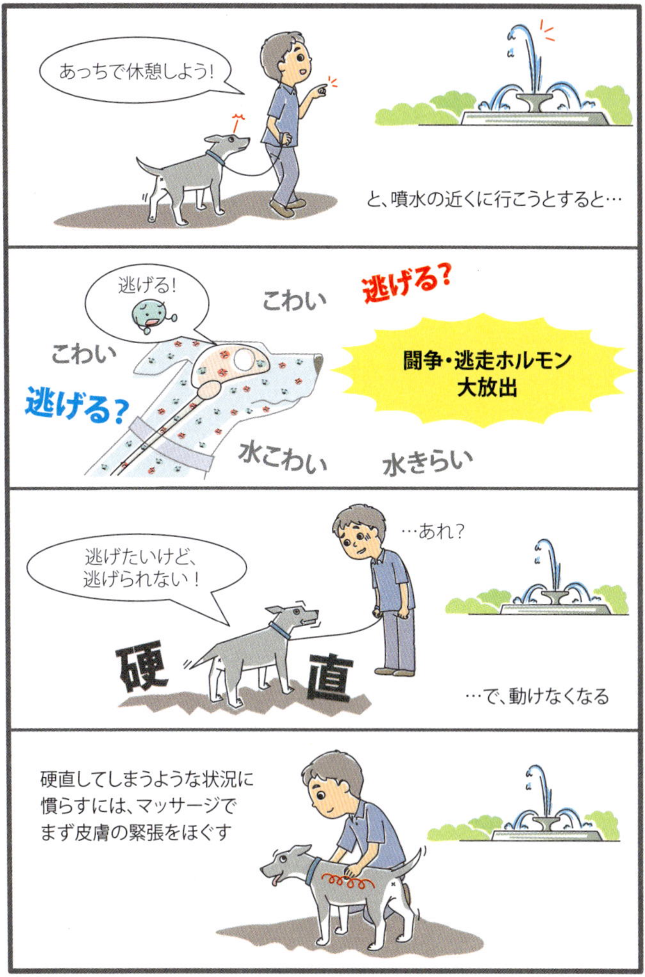

1-03

体が震える

ストレス　不安　恐怖

運動会での徒競走のスタート前や、学芸会などの出番前、あるいは大勢の人の前にでたときなど、手足が震えた経験をもつ人は少なくないと思います。あれはストレスが原因です。

震えは、ストレスによって交感神経が強く働き、その結果、体が硬直することによって起こります。硬直は、筋肉の緊張のみならず、皮膚も緊張させます。毛細血管が収縮し、末梢神経も周囲の組織から圧迫され、感覚や反応も鈍くなります。すると、ぎこちない動きになったり、ふだんできる簡単な動作もままならなくなります。

イヌの震えも、その多くはストレスが原因です。

外に連れだしたときにイヌが震えると、飼い主は寒さのせいだと勘違いして洋服を着せたりします。しかし、それほど寒くないのに犬が震えていたら、外がこわいのです。

以上から、もしイヌが震えているのであれば、まずはストレスを疑ってみることです。硬直と同様、そのストレスの原因を排除するか、またはその状況から抜けだすか、あるいはマッサージなどを施してストレスの軽減に努めるようにすべきです。

たとえば花火の音に震える、太鼓の音に震えるなど、特定の音の刺激に震えることがわかっていれば、その音を録音し、小さな音から聞かせるといった、その刺激に慣らす努力をすることです（158ページ参照）。

硬直とは異なり、震えは視覚のみで確認できるので、犬の心理状態を把握するためにも、常に注意を払っておくことをお勧めします。

たいして寒くもないのに…
ゴロゴロ…
雨降りそうだから
早めに散歩に行こう…
イヌが震えていたら、
ゴロゴロ…
え? 寒いの??
なにかしらストレスがかかっているので…
じゃぁ洋服着て
行こうね。
…まだ寒いの?!
セーターにする?
違う!
カミナリがこわいんだってば!!
…重ね着しても解決しません!

1-04

背中の毛が逆立つ

ストレス　不安　興奮　恐怖

興奮したり緊張すると交感神経が働き、筋肉が緊張します。この緊張する筋肉の中に、立毛筋があります。字を見ればわかるように、この筋肉は毛を立たせます。

「怒髪天《どはつてん》を衝《つ》く」という言葉がありますが、実際に頭の毛を立たせた人を、私はいままで見たことがありません。しかし、この立毛筋の働きはよく経験しています。それは鳥肌です。鳥肌とは、この立毛筋の働きで毛が逆立つ状態です。

人間の体毛は薄いので、その毛根の生え際が締まって盛り上がるのが目立つのです。「身の毛もよだつこわい話」などという表現もありますが、これも鳥肌が立つほどこわい話ということです。

ちなみにこの鳥肌は、できる場所とそうでない場所に分かれます。いろいろな人に聞いてみると、腕とか首筋とかできやすい場所に個人差があるようです。

一方イヌの場合は、目立つ場所がかぎられます。毛の長さや、恐怖などに対する閾値《いきち》の高い低いがあって、わかりやすいイヌとそうでないイヌがいますが、首筋から背中のあたりがその場所です。短毛種と長毛種を比べると、明らかに短毛種のほうがわかりやすいでしょう。

現在の私のパートナー犬は、短毛の日本犬ミックスと、長毛のプードルとダックスのミックスの2匹です。前者はこわがり（恐怖などに対する閾値が低い）という性格もあり、頻繁《ひんぱん》に背中の毛を立たせています。相手を追い払おうとして吠えているときや、初めて会ったイヌとの挨拶のときなどは、100％といっていいほど背中の毛を立たせています。

ちなみに寒いときに毛を逆立たせるのは、それで空気の層を厚くして、体温が奪われるのを極力少なくするためです。寒さは動物にとって緊急事態なので、交感神経が働くのです。

長毛犬と短毛犬では…
短毛犬は毛が立っているのがわかりやすいけど…
通常
立毛筋
緊張
ドキドキ
長毛犬はわかりにくいので…
緊張中
…それ以上…
あの…
要注意!
え!?
近づくな!
って言ってんだろうが!!

1-05 ひげを立てる

ストレス　不安　興奮　恐怖

ネズミのひげは、まさにセンサーの働きをします。左のひげになにかが触れたと感じるとネズミは左に動き、右のヒゲになにかが触れれば右に動きます。真っ暗闇でもネズミがじょうずに行動できるのは、こうしたメカニズムがあるからです。

ネコのひげもセンサーだといわれています。ひげですき間や穴の幅を感じ取り、そこを通過できるかどうかを判断しているといわれています。獲物の獲得や危険回避に不可欠なセンサーといえますが、食べ物が十分に与えられ、襲われるような環境にいない室内飼いのネコであれば、なくても困らないようです。

では、イヌのひげはどうでしょう？

シャンプーやトリミングにだすと、「ひげは切らないで」と注文しないかぎり、見事に切られてしまいます。昔はセンサーの役目をしていたかもしれませんが、現在のイヌにとっては、ネコ以上に必要のないものと考えられているのです。

センサーの働きはないとしても、ひげがあったほうが飼い主にとって都合がいい場合もあります。緊急事態の発生を感じたときに、イヌは耳や口角を動かす表情筋を緊張させます。立毛筋も緊張します。その影響でひげが寝たり、立ったりもするのです。観察すると、耳や表情の変化よりもひげの変化のほうが早く、しかもわかりやすい。そういうイヌもいるのです。

たとえば、他犬に対して急に吠え立ててしまうようなイヌの場合、吠える直前にひげが寝たり、逆に立ったりすることから、次の行動が予測できることがあるのです。前ぶれがわかれば、事前の対処が容易になります。適切なトレーニングをすることで、そうした吠えを減らすことも可能となるのです。

ネズミのひげセンサーは感度ばっちりなので、
真っ暗でもじょうずに行動できる
みっけ!
ネコのひげは、あると便利だけど、
ここはダメだぁ!
室内飼いだと、なくても困らない
イヌのひげは、ふだん気にしないけど、
ピク…
よーく見てると…
しまった!!
スキあり!!
なにかの前ぶれだとわかる

1-06

ストレス 不安 恐怖

抜け毛が目立つ

ほかのイヌがそばにいても飼い主に集中できるように、私のスクールでは、4〜5組の飼い主さんとイヌが参加するグループレッスンを行っています。

初回のレッスンの終了後に床を見ると、あるイヌがいた周辺だけ、明らかに抜け毛が多く見られることがあります。多くは社会的な刺激への慣らしが不十分なイヌ、または飼い主さんがリードにテンションをかけがちといったイヌの周辺に起こります。いずれも、イヌに強いストレスがかかっていた証拠です。

ストレスが要因となる抜け毛ですが、人間ならば、長期のストレスによって生じる、そんなケースを指します。しかし、イヌの抜け毛は、数分から数十分で起きる短期的なものです。

人間における抜け毛のメカニズムは、ストレス→交感神経支配→血行不良→毛母細胞への栄養が不足→抜け毛になるという流れです。一方、イヌの短時間で起きる脱毛には、立毛筋の収縮が関係していると思われます。ストレス→交感神経支配→立毛筋の収縮→毛穴が閉まり隆起→死毛（まもなく抜ける毛）が押しだされる→抜け毛になる。あるいは、ストレス→交感神経支配→立毛筋の収縮→寝ていた毛に覆われていたすでに抜けていた毛が立毛によって脱落→抜け毛になる、というふうにです。

初回のレッスン時に抜け毛が目立ったイヌも、回を重ねるごとに目立たなくなります。それは、毎回フードをいっぱいもらうことでスクールの環境に慣れてくることと、飼い主さんがじょうずなイヌの扱いを身につけることで、リードへのテンションがなくなり、ストレスが少なくなっていくからと考えられます。

ドッグカフェなどでも、抜け毛の多いイヌはよく目にします。特定の状況でご自身のイヌに床の抜け毛が目立つようなら、それはストレスが原因だと考えてみてください。

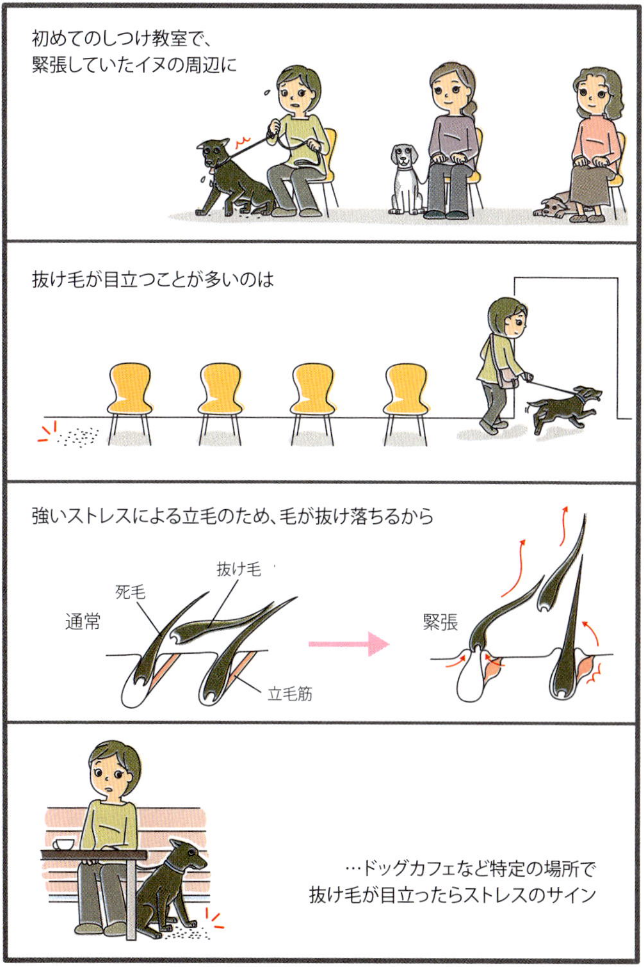
初めてのしつけ教室で、
緊張していたイヌの周辺に
抜け毛が目立つことが多いのは
強いストレスによる立毛のため、毛が抜け落ちるから
抜け毛
死毛
通常
立毛筋
緊張
…ドッグカフェなど特定の場所で
抜け毛が目立ったらストレスのサイン

1-07

フケが浮いている

ストレス 恐怖 不安

私のパートナー犬の1匹ダップが、過去に1回、フケを目立たせていたときがありました。それは、専門学校の授業でデモンストレーションをしたときです。トリミング台の上に乗せ、首輪やそのほかの装具の説明をしながら、彼（ダップ）にそうした道具をつけたり外したりしていました。

100名近い学生たちが彼を取り囲み、視線を向けている状況です。気がつくと、彼の首から背中にかけてフケが浮いていました。ダップはプードルとダックスのミックスで、長毛です。黒のラブラドールレトリバーなどの短毛種では、フケが浮いているのをよく目にします。長毛種ではよほど注意していないと気がつかないのですが、このときは注意などしなくても、誰が見ても明らかなくらいにフケが見て取れました。

こうしたフケの要因もストレスです。大勢の人間に取り囲まれ、高いところに乗せられ、いろんな装具をつけ外しされるという、いつもと違う状況。それが多大なストレスだったのでしょう。

では、ストレスがかかるとなぜフケが浮いてくるのでしょうか？　メカニズムはこうです。ストレス→交感神経支配→立毛筋の収縮→寝ていた毛に覆われていたフケが立毛によって表面へ。それ以外にも、皮膚の緊張・収縮によって、はがれかけていた角質が脱落することもあると思います。

ちなみに人間の場合も、ストレスはフケの要因といわれますが、それはフケの要因である皮脂がストレスによって増えたり、ストレスで免疫力が下がり、フケをもたらす細菌が増えるのが要因と考えられています。

ブラッシングのやりすぎや、シャンプーが肌に合わないために、フケが増えることもあります。ただこうしたフケは、皮膚をよく観察すると、赤くなるなどなんらかの症状が見られます。ストレス性のフケとの違いはひと目でわかります。

1-08

パッドが濡《ぬ》れる

ストレス 不安 恐怖

手に汗を握るほどに緊張したり興奮したときには、体温を調節するのとは別の汗がでてきます。実は私たちが気づかないだけで、このときには足の裏にも汗をかいています。こうした汗は、交感神経の作用によるものです。

これは、もともとは野生の中で生き延びるために必要な反応でした。戦ったり逃げなくてはならないような場面で、手足が滑っては困ります。手足が乾いていてはものがつかめず、地面に対するグリップも利きません。そこで、適度な湿り気を手や足に与えるのです。人間は指先が乾いていると紙がめくれません。そこで指をペロッとなめて濡らすと、グリップが利いて紙がめくれるようになります。いわば、それと同じようなものです。

戦ったり逃げなくてはならないときに、強く働くのが交感神経です。交感神経が働くと、手足に汗をかくようになるのです。まあ、私たちも飼われているイヌたちも、現在では戦ったり逃げなくてはならないほどの緊急事態はそう多くありません。しかし、ストレスなどで交感神経が強く働いてくれば、同様に手足に、イヌの場合は四肢のパッド（足の裏の肉球）の部分に汗をかくのです。

パッドの過剰な湿りは、コンクリートや暗い色合いのタイル、クッションフロアなどで、足跡として確認できます。ただしイヌのパッドは、体温調節のための汗をかく場所でもあります。パッドの湿りが、体温調節のための発汗なのか、ストレスによるものなのか……。ふだんは足跡など気づいたことがない場所で、体温調整のための舌をだしての呼吸もしていない、そうした状況で湿った足跡に気づいたら、まずはイヌにストレスがかかっている、そう理解するといいでしょう。

1-09 呼吸の変化

恐怖 ストレス 不安 興奮 リラックス

リラックス時は、呼吸がゆっくりと深くなります。無意識に起きている生理的な生体活動の中で、呼吸は意識的に変化させることもできます。そして、意識的に呼吸を深くゆっくりさせると、リラックスへと向かうのです。呼吸の速さや深さと緊張、リラックスの関係は、そうした互いに作用する面もあるようです。

イヌがもっともリラックスしているときの呼吸の速さや深さを知りたいのであれば、寝ているときの呼吸を観察することです。とても深くゆっくりと呼吸しているのがわかるはずです。

一方、緊張状態では、呼吸は浅く速くなります。これも交感神経が働くことにより、アドレナリンが放出され、その結果、呼吸系にも変化が現れるからです。交感神経が働くということは、体が臨戦態勢になっているということです。戦う・逃げるために必要な部分に、血液と酸素を送る必要がでてきます。そのため、呼吸が速くなるばかりか、血圧や脈拍数も上昇します。

緊張すると心臓がバクバクするのも、この血圧上昇と脈拍数の上昇があるからです。血液循環がよくなると、体温が上昇します。上昇した体温を調節するために、汗をかきます。これも、ストレス時にパッドが濡れる1つの要因といえるでしょう。

「冷や汗をかく」という表現がありますが、あれは緊張時に上記のような体温の上昇にともなった発汗がある一方で、血管の収縮、筋肉の硬直なども起こり、体の表面の多くの部分は逆に冷えやすくなっている状態をいうのでしょう。

リラックス状態なのか、緊張状態なのかをイヌの呼吸の変化から感じ取れるようになれば、イヌの心理状態もある程度わかるようになるわけです。

…毛がもつれてる
スーハー
スーハー
リラックスしているときは
深くてゆっくりな呼吸
…ブラッシングしよう
でも緊張状態になると…
酸素と血液を
送るのだ!
了解!
戦う・逃げるために
必要な部分に
血液と酸素を送るため…
…なんか
呼吸が速い?
呼吸が浅く速くなり、
血圧・脈拍も上昇します

1-10

あえぐ

ストレス 不安 興奮 恐怖

「緊張状態では、呼吸は浅く速くなり、血圧上昇と脈拍数の上昇が起き、体温が上昇する。そして、その上昇した体温を下げるために汗をかく」ことは説明しました。

体表面の水分が蒸発するとき、そこに気化熱が生じます。気化熱とは液体が気体になるときに、周囲から吸収する熱のこと。すなわち、汗が蒸発する際に体表面の熱を奪っていくことで、体温が下がるわけです。

人間は全身にこの体温調節のための汗腺をもっています。ですから、暑くなれば全身が汗で濡れてきます。しかし、イヌは全身にはこの体温調節のための汗腺をもっていません。そこで、彼らは足裏のパッドでかく汗以外に、舌、口、鼻腔から気管にかけての水分を気化させて、体温を下げます。

ストレスがかかって浅く速くなった呼吸は、やがて体温調節のために激しさを増していきます。これがあえぎです。

暑さに強い弱いは、犬種にもよりますし、育った環境、現在の生活環境にもよります。わが家は極力エアコンを使わないせいか、よそのイヌが舌をだしてハーハーいっていても、私のパートナー2匹は平気な顔をよくしています。

さらにこの2匹でも、毛の長いダップのほうが毛の短い鉄よりも暑さに強い。鉄が舌をだしてハーハーいいだしても、ダップはケロッとしています。かくのごとく暑さへの耐性は、かなり個体差があるのです。

ふだん、自分のイヌはどの程度の暑さになるとあえぐのか、どの程度の気温でどの程度の運動をするとあえぐのか、それを飼い主は知っている必要があります。そして、ふだんならあえがない状況でそのイヌがあえいでいるのであれば、なにかしらのストレスがかかっていると思ってください。

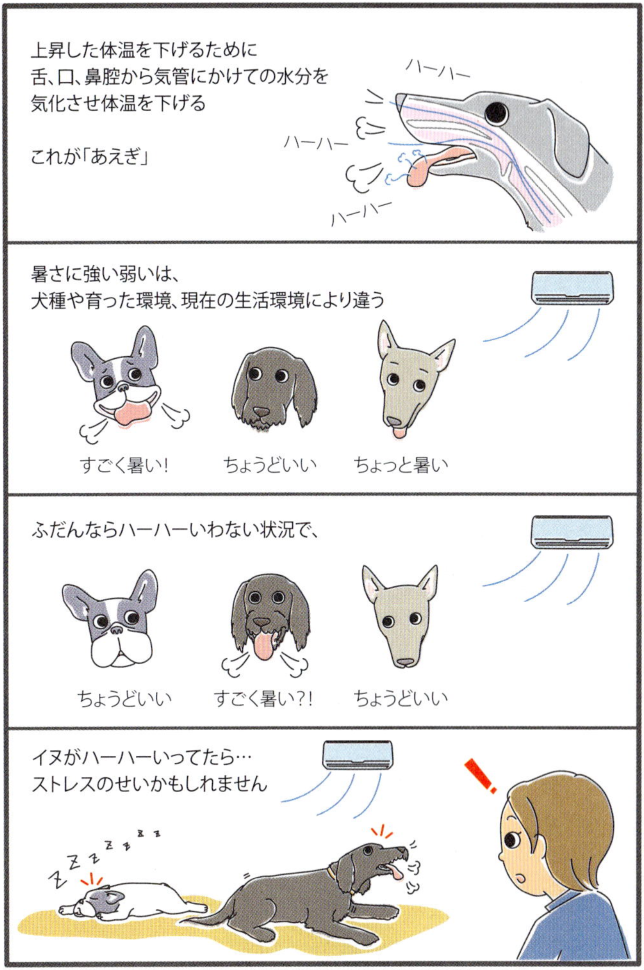
上昇した体温を下げるために
舌、口、鼻腔から気管にかけての水分を
気化させ体温を下げる
これが「あえぎ」
ハーハー
ハーハー
ハーハー
暑さに強い弱いは、
犬種や育った環境、現在の生活環境により違う
すごく暑い!
ちょうどいい
ちょっと暑い
ふだんならハーハーいわない状況で、
ちょうどいい
すごく暑い?!
ちょうどいい
イヌがハーハーいってたら…
ストレスのせいかもしれません
!

1-11

よだれを垂らす

ストレス　興奮　不安

イヌとよだれ、という組み合わせで頭に浮かぶのは、「パブロフのイヌの実験」でしょう。ご存じない方のために説明すると、イヌは食べ物を目の前にするとよだれをだしますが、ブザーの音を耳にしてもよだれはだしません。唾液や胃酸の分泌の研究をしていた生理学者のパブロフは、イヌにブザーの音を聞かせてから食べ物を与えるという実験をしてみました。すると、その実験を行ったイヌは、ブザーの音を耳にするだけでよだれをだすようになったのです。つまり、意味のない・反応のない刺激を、意味のある・反応する刺激へと変えることができる。

実際の話はちょっと違うのですが、話として伝えられているのはだいたいこのようなものです。これは「古典的条件づけ」「レスポンデント条件づけ」、または「パブロフ型条件づけ」という名称で、いまでは広く知られています。

しかしながら、イヌがよだれをだすのは、なにも食べ物がらみだけではありません。ストレス下にあってもだすからです。

ストレス下では、口の中の水分をより多く蒸発させようとしてあえぐ、と前項で話しましたが、気化する水分よりも口の中で分泌される水分のほうが多かったらどうなるか？　人間でいえば、気化する汗の量よりも汗腺からにじみでる汗のほうが多いという状況にあたり、当然、汗はしたたり落ちます。それと同じです。

イヌがストレス下でよだれを垂らす場合、私の経験では、口が閉じられていることも少なくないようです。これは、硬直がともなっているからと考えると、わかりやすいでしょう。

交感神経の作用で硬直が起き、口も閉じられる。一方で、血圧および脈拍数の上昇による体温上昇を抑えるために、口の中の水分量が増える。その結果、口の際からよだれがあふれるような形となる。そういうことだと思われます。

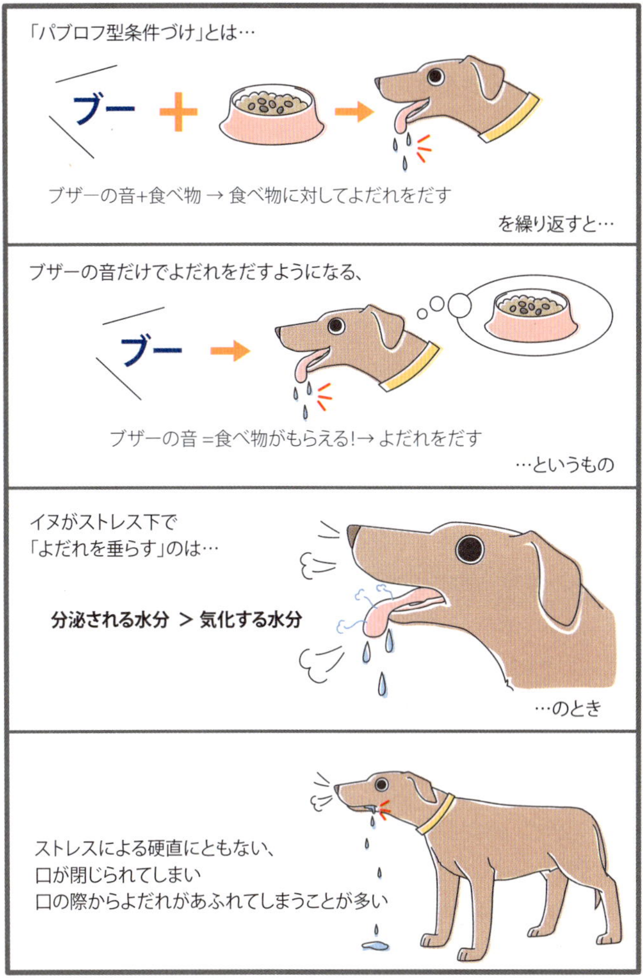
「パブロフ型条件づけ」とは…
ブー
ブザーの音+食べ物 → 食べ物に対してよだれをだす
を繰り返すと…
ブザーの音だけでよだれをだすようになる、
ブー
ブザーの音 =食べ物がもらえる!→ よだれをだす
…というもの
イヌがストレス下で
「よだれを垂らす」のは…
分泌される水分 > 気化する水分
…のとき
ストレスによる硬直にともない、
口が閉じられてしまい
口の際からよだれがあふれてしまうことが多い

1-12

クシャミをする

ストレス　カーミングシグナル　興奮　不安

イヌにクシャミをさせる方法を知っていますか？

いえいえコショウは使いません。鼻先を60度くらいの角度で上に向かせて、上唇をめくって、しばらくその姿勢をキープします。すると、けっこうな確率でクシャミをします。私のパートナー犬は2匹ともこの方法でクシャミをします。

歯ブラシを使ってイヌの歯みがきをしている方なら、前歯を磨いているときにクシャミをしませんか？　これも同じことです。

考えられる理由は、上を向いて唇をめくられると、鼻孔の入り口あたりにある鼻水が鼻腔の奥の方向へ移動し、その刺激がクシャミを誘発するのではないか、というものです。

ストレスがかかったり、興奮するとクシャミをするイヌが、まれにいます。ストレスも興奮も、交感神経を優位にします。交感神経が優位になった結果、鼻腔から気管にかけての水分が増えます。発汗も起きます。イヌの汗腺は鼻にもあるといわれているので、鼻の水分が増えることもあるのでしょう。おそらく、そうして増えた水分、すなわち鼻水が、クシャミを誘発するのだと思います。

私のパートナー犬のダップは、まさにこのタイプです。ダップの場合、遊んで興奮しているときや軽度のストレス時に、よくクシャミをします。

クシャミは、カーミング・シグナル（62ページ参照）という解釈もあります。確かに、みずからのストレスを軽減しようとしているのかもしれないし、「そんなに興奮しないで」と相手に訴えているといえなくもありません。

さて、みなさんはどう思いますか？

鼻先を上に向けて、
上唇をめくって
しばらくその姿勢をキープしたり、
ハ…
歯ブラシを使って、前歯を磨くと、
ハ…
クシャミをするのは、
鼻腔の奥に移動した鼻水の刺激から
ハックッションッ!
興奮しているときやストレスがかかっているときに、
クシャミをすることもある
ハックッションッ!
こちらはカーミング・シグナルの1つと考えられる

1-13

鼻水を垂らす

ストレス 不安 恐怖

私のパートナー犬は、2匹とも獣医さんのところで診察台に乗せられると、同じ反応を示します。それは鼻水をタラーリと垂らし始めるのです。

これもストレス反応です。反応の流れは途中までクシャミと同じ。ストレス→交感神経興奮→鼻腔内水分（鼻水）増加、この鼻水が鼻の内部を刺激して誘発されるのがクシャミですが、逆に、鼻先から体の外に排出されるのが、鼻水が垂れる状態でしょう。

さて、クシャミをするか鼻水を垂らすかの違いは、状況から判断すると、クシャミは軽度なストレスあるいは興奮時で、鼻水を垂らすのは強いストレスがかかっているときだと思います。

私のパートナー犬のダップがクシャミをするのは、遊んで興奮しているときか、軽度のストレス時です。クシャミをする前後は動いていて、そのときだけ一瞬動きを止める。そんな感じです。シッポを振っていることも少なくありません。

一方、ダップが鼻水を垂らすときは、強いストレス下にあることがわかります。硬直も見られ、シッポも下がっています。

実はこの硬直も、鼻水を垂らすことに関係しているのでしょう。私たちであれば、鼻水が垂れそうになったら、ハンカチやティッシュでぬぐったり、鼻をかんだりします。イヌはハンカチなどでぬぐう代わりに、舌でなめ取ります。鼻をかむこともできないので、その代わりにクシャミをするのでしょう。

しかし硬直が起きて、舌でなめ取ることもクシャミもできないとなれば……。そう、垂れるにまかせるしかないということです。このように考えていくと、鼻水を垂らしているのは、イヌにとってかなりのストレスがかかっている状況と理解できます。

ワン話休題

イヌは「うつ」になるのでしょうか？

第１章では、イヌの生理的な反応を取り上げました。多くは、外見上の肉体のパーツの変化などを見てきたわけですが、ストレスがもたらす生理的な反応はときに疾患としても現れます。

たとえば、嘔吐《おうと》、下痢《げり》。こうした症状も、ストレスが要因です。また、過度なストレスは免疫力を低下させるので、それ以外の病気の要因になっているのかもしれません。

人間の場合、ストレスは「うつ病」などの心の病の要因にもなるといわれています。精神科医の加藤忠史著の『動物に「うつ」はあるのか』（PHP研究所）によれば、人間以外の動物がうつ病になるかはわからないとのこと。うつ病の確定的な診断は問診などによるので、それらができない動物には確定的な診断が下せないということです。

ただ、うつ病が進むと海馬《かいば》という脳の部位が変化する、という話を聞いたことがあります。そうであれば、海馬はイヌにもネズミにもみんなあるわけで、似たような疾患は人間以外の動物にもあるのではないかと想像できます。

肉体的な苦痛を与えるなどの罰を主軸にしたトレーニングでは、学習性無力感という状態に陥ることがあります。イヌであれば、生気に欠ける、どよーんとしたイヌになってしまうのです。

私は、うつの症状がそこに見られるのだと思います。海馬の変化などが実際にあるのかもしれません。肉体的な苦痛が与えられる場合、これはストレスそのものですが、精神的なストレスも同様の結果を招くことは想像に難くありません。

第2章

表情の変化を見る

2-01 目を丸くする

ストレス　恐怖　不安

驚いて目を大きく見開く様。

人間の場合は、サプライズでプレゼントをもらったりしたときに、「あら、まあ、うれしい」という感じでこの反応を示しますが、イヌがうれしいときの反応としては、それほど特徴的に見せるわけではありません。

逆に、次はなにが起こるのだろうという不安な状況のときや、あるいは襲われるかもしれない、自分の身にとんでもないことが起きるかもしれないといったネガティブな状況のときに、すなわちストレスがかかっているときによく見せる表情です。

さて、目を丸くするといったときの目とは、人間の場合は黒目と白目で構成されている目全体の部分をいいます。人間の目は上瞼《うわまぶた》と下瞼が緊張していないときは、横方向に長いのが自然な形です。それが見開かれることによって、目全体が横長ではなく丸い形状に近づいて見えます。

しかしイヌの目は、そもそも横長ではなく丸に近い状態がふつうです。ですから、目を大きく見開く様を「目を丸くする」と表現するのは、そもそもイヌの場合は正しくないかもしれません。

では、丸い目が見開かれるとどうなるかというと、目が飛びだしたように見えます。それと、イヌの視線が鼻先の方向に向いているときは、ほとんど白目が見えないのが自然な状態ですが、見開かれると、その白目が見えるようになります。白く縁取られたような見え方になるのです。

目が見開かれた結果、白目の縁取りが見える、目が飛びだして見えるというのが、イヌの場合の「目を丸くする」状態です。

そうした表情の変化が見られたら、イヌはストレス状態に陥っているのだと理解してください。

人間の目は横長なので「目を丸くする」状態は
わかりやすいけれど…
人間
イヌ
イヌの目は丸に近いのでわかりにくい
人間はうれしい状況で目を丸くするけれど…
…?
トナカイの着ぐるみの
プレゼントが当たった♫
イヌはストレスがかかっているとき
…!
着てみようね♫
←洋服嫌い
目を見開き、白目の縁取りが見える
目が飛びだしたようにも見える
早く脱ぎたい…

2-02

白目が見える

ストレス 恐怖 不安

前項でお話しした目を見開くこと以外にも、白目が見えることがあります。たとえば横目でものを見たときです。

白目が多い人間は別ですが、ほ乳類の多くは黒目がちです。イヌを含む動物は、仲間同士ではアイコンタクトを外すのが基本です。ただし、人間と共通の祖先をもつチンパンジーは、アイコンタクトを取り、見つめ合いをします。そのチンパンジーでも、やはり黒目がちです。人間がふつうの状態で白目が見える目を獲得したのは、おそらく、アイコンタクトによるコミュニケーション手段が、進化の過程で重要性をもってきたからでしょう。白目があることで視線の先がわかりやすくなり、目配せなども可能になります。逆に、顔の向きと視線の方向を一致させなくてもすむので、その結果、注目している対象物を悟られずにすみます。より複雑で多様なコミュニケーションが可能になるわけです。

イヌの話に戻しましょう。

イヌは鼻先をその方向に向けて対象物を見ます。それが自然です。本当は真っすぐ対象物に鼻先を向けたいけれど、気になるものが別にあるので横目で見る。または逆に、相手から視線を外したいので、鼻先の向きはそのままに視線だけ横に向ける。あるいは、視線を外すために鼻先を相手と違うほうに向けるけれど、相手が気になるので横目で相手の動きを確認したい。こうしたときに、イヌは白目を見せます。

それらの多くは、なにかを守りたい、得たいといった状況。すなわちそのイヌにとって奪われたくないものがあり、それを守ろうとしているときです。もしくは、こわい存在やいやな相手が自分に近づいてきたときです。

　つまり、横目で見る、白目が見えるというのも、犬のストレス反応の1つだということなのです。

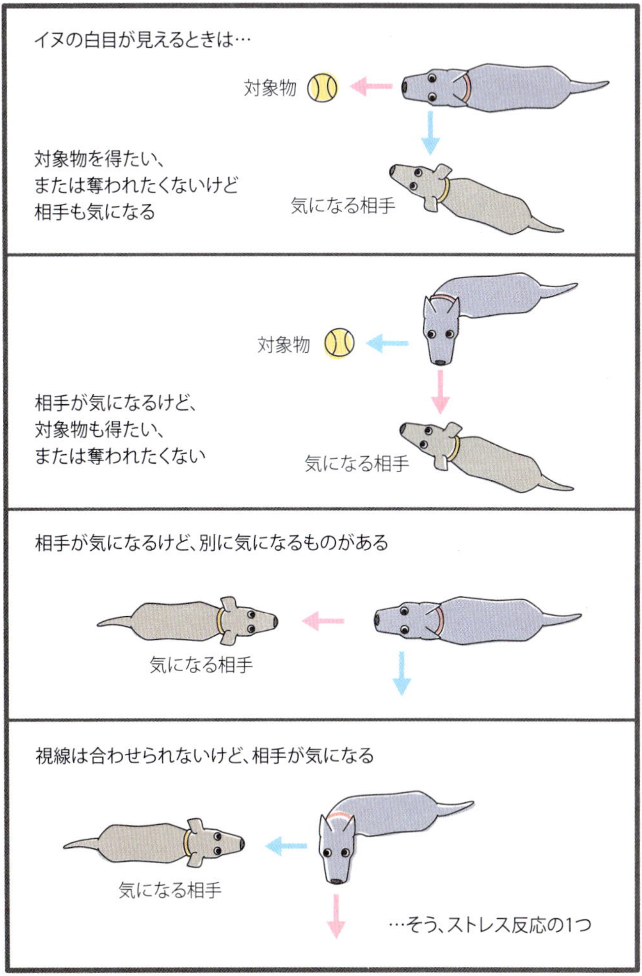
イヌの白目が見えるときは…
対象物
対象物を得たい、
または奪われたくないけど
相手も気になる
気になる相手
対象物
相手が気になるけど、
対象物も得たい、
または奪われたくない
気になる相手
相手が気になるけど、別に気になるものがある
気になる相手
視線は合わせられないけど、相手が気になる
気になる相手
…そう、ストレス反応の1つ

2-03

視線を外す

ストレス　カーミングシグナル　不安　恐怖

対象物をじっと見る。これは相手に興味があり、集中していることを意味します。たとえば相手のことが好きであれば、相手を見つめてしまいます。お互いに好意を寄せていれば、2人が見つめ合うのも自然です。

イヌが飼い主を見る、飼い主もイヌを見る。お互いにいい関係であれば、視線は外しません。しかし、お互いの関係がまだなにもできていない段階か、悪い関係である場合に、相手をじっと見るという行為がなにを意味するかを想像してみましょう。繁華街で知らない相手をじっと見ていたら、なにが起きるかを。仲が悪い知り合いのことをじっと見ていたら、なにが起きるかを。

世間ではこれを、ガンをつける、メンチを切るなどといいます。すなわち、相手に対して挑戦的な態度をとっているとされるのです。

視線を外すしぐさは、「私はガンつけてませんよ」「メンチ切ってませんよ」という態度になるわけです。

イヌが視線を外すのは、「私はあなたに集中してないでしょ。だからあなたも私のことに集中しないで」「私にストレスをかけないで」ということを、訴えているのです。

人間はイヌの支配者で、イヌと人間の関係は服従関係が理想だとされた昔は、「イヌが視線を外すまでにらめ」などといっていましたが、仲よくいっしょに過ごす家族としてイヌを迎え入れている現在では、決してやってはいけない行為です。

そして、イヌがあなたから視線を外すのは、あなたのことをこわい存在ととらえているか、あなたからストレスを感じているからです。そう考えることです。

まったく知らない相手や仲が悪い相手をじっと見ていたら…
挑戦的な態度だと受け取られる
なに見てんだよ!
はぁ?!!!
一方、お互いに好意を寄せている同士であれば…
見つめ合うのは自然
でも、こわい存在だったり、ストレスを感じる相手のときは
視線を外してしまう

2-04

不安　ストレス　恐怖　リラックス

上目遣いに見る

イヌが相手をこわいと感じているときは、頭の位置を下げます。そして、戦う意志がまったくないことを積極的に伝えるために、視線を合わそうとしません。しかし、相手とコミュニケーションを積極的にとろうとする場合は、相手に視線を向けようとします。そんな「こわいけれどうれしい……」という心理状態のときに、イヌはこの上目遣いをします。

「スワレ」を教える際に、私はフードを手に握り込んで「スワレ」の姿勢になるように誘導し、それができたらフードを与える方法で教えます。これは、「**動物は結果的にいいことが起きた行動の頻度を高める**」という考え方の応用です。

一方、「**いやなことがなくなる行動の頻度を高める**」という考え方を利用する方法もあります。それは、引っ張ると首の絞まる首輪を装着させ、首輪に近いリードの部分をもって上方へ引き上げるのです。「スワレ」の姿勢をとれば、苦しみから逃れられます。結果、この方法でも「スワレ」の姿勢をとる頻度は高まります。

後者は、飼い主はこわい存在で、従わざるをえない存在になります。とはいえ、飼い主はゴハンをくれる存在でもあります。こわいけれどうれしい……。そう、飼い主に対する感情がこんな感じになったときです、イヌが飼い主を上目遣いで見るのは。

この心理状態は、2つの相反する感情が同時に争っている状態です。こうした心理状態を**葛藤状態**といいますが、これもストレス状態の1つだと理解してください。

そうそう、この上目遣いはストレス下以外でも見せることがあります。それは、フセの姿勢であごを床につけているとき。「いま気持ちよく休んでいるけど、なにか用？」といった感じで飼い主を見ます。こちらの上目遣いは、リラックスの証といえます。

相手をこわいと感じているときは頭を下げ、視線をそらす
イヌにとって飼い主が「こわい存在」のとき、
スワレ!
うれしい!
…けど
こわい!
うれしい!
…けど
こわい!
「こわい」と「うれしい」で「葛藤状態」になり、上目遣いになる
…こちらはリラックス状態
…なにか??

ワン話休題

学習の4つのパターン

①結果的にいいことが起きた行動の頻度を高める
②結果的にいやなことがなくなった行動の頻度を高める
③結果的にいやなことが起きた行動の頻度を減らす
④結果的にいいことがなくなった行動の頻度を減らす

イヌのしぐさや行動を知るうえで、また、しつけのトレーニングや問題行動の改善でもっとも重要なのが、この4つの学習パターンです。

たとえば、イヌに新しい行動を教えたいのであれば、その行動をとったときにいいことを提供すればいいのです。イヌにとってのいいことで、いちばんわかりやすいのは食べ物でしょう。

理論上は、その行動をとったときにいやなことを取り除いてあげるという方法もあるのですが、その場合はあらかじめいやな状況にイヌを追い込むことになります。これは、イヌにストレスを与えることでもあるので、飼い主は用いるべきではありません。

ただし、イヌはこの「結果的にいやなことがなくなる行動の頻度は高まる」というパターンで、勝手に多くのことを学びます。カーミング・シグナルも、「ストレスといういやなことがなくなる」という理由で、学習していくのでしょう。むだ吠えや本気噛《か》みなどの問題行動の多くも、この「いやなことがなくなる」行動として学びます。

一方、行動の頻度を減らすには、どうするか。いやなことを起こすというのが真っ先に思い浮かぶわけですが、これが難しい。そのいやなことは、減らしたい行動に対して「即座に」「かならず」「適切な強さで」起こさないと、効果が期待できないことが実験でわかっているのです。

また、いやなことを起こすというのは、イヌにストレスを与えることになるので、「逃避行動を高める」「攻撃行動を高める」「無気力になる」といった、より深刻で困った状況にイヌを追い込むこともあります。

行動の頻度を減らすときは、まず、その行動が「いいことが起きている要因」なのか、「いやなことがなくなる要因」なのかを見極めます。

減らしたい行動が、いいことが起きているからという要因なら、いいことを提供しなければいいのです。いやなことがなくなるからという要因の場合は、いやなことに慣らします（158ページ参照）。いやなことをいやだと思わなくなれば、それをなくす必要がなくなるので、その行動は減っていくわけです。

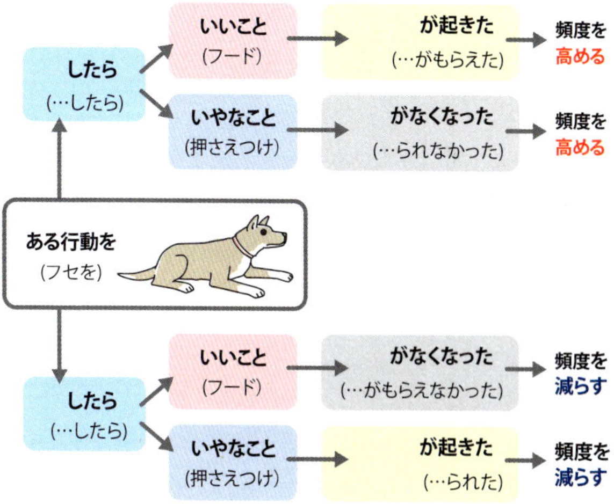

ある行動を
(フセを)
したら
(…したら)
いいこと
(フード)
が起きた
(…がもらえた)
頻度を
高める
いやなこと
(押さえつけ)
がなくなった
(…られなかった)
頻度を
高める
したら
(…したら)
いいこと
(フード)
がなくなった
(…がもらえなかった)
頻度を
減らす
いやなこと
(押さえつけ)
が起きた
(…られた)
頻度を
減らす

2-05

視線をロックする

ストレス　怒り　集中　不安　うれしい楽しい　感謝・警告

イヌが視線をロックする理由は、大きく分けると4つあります。1相手に対するよい意味での興味、2相手に襲いかかる前ぶれ、3音への集中、それと、4過度なそれも長期にわたるストレスによる異常行動です。

よい意味で興味があるとは、「遊べそうな相手」「かまってくれる人」「食べられそうななにか」を発見したとか、「あそこのにおいを嗅《か》ぎたいので、そこに行きたい」とかです。

相手に襲いかかるには、さらに2つの理由があります。1つは獲物をつかまえるためで、もう1つが相手を追い払うためです。前者は、現在の家庭犬たちにとって縁遠いものになっていますが、おもちゃに襲いかかる前にジーッと見ているなどというのは、この行動の名残といえます。

後者は家庭犬でもよく見られます。人間でいう、ガンを飛ばすとかメンチを切るといった行動です。

音への集中とは、視覚的な情報に対してではなく、音はすれども姿は見えずといった状況で、その音源の方向を見つめてしまうというものです。私たちには感じ取れない周波数や音圧の音を感じ取っているのです。

過度なそれも長期にわたるストレスによる異常行動については、実際の例をまだ見たことがありません。私がそれを知ったのは、イヌのストレスについて書かれた洋書の中で、壁に打ち込まれているクギの頭をジーッと見ている犬のイラストでした。

マンガやドラマでは、なにかしらの精神的なショックを受けた人に対して、目の前で手のひらをちらつかせて正気かどうかを確認するシーンがあります。当人はうつろな目で1点を見ています。まさにそれと同じ状態なのだと思います。

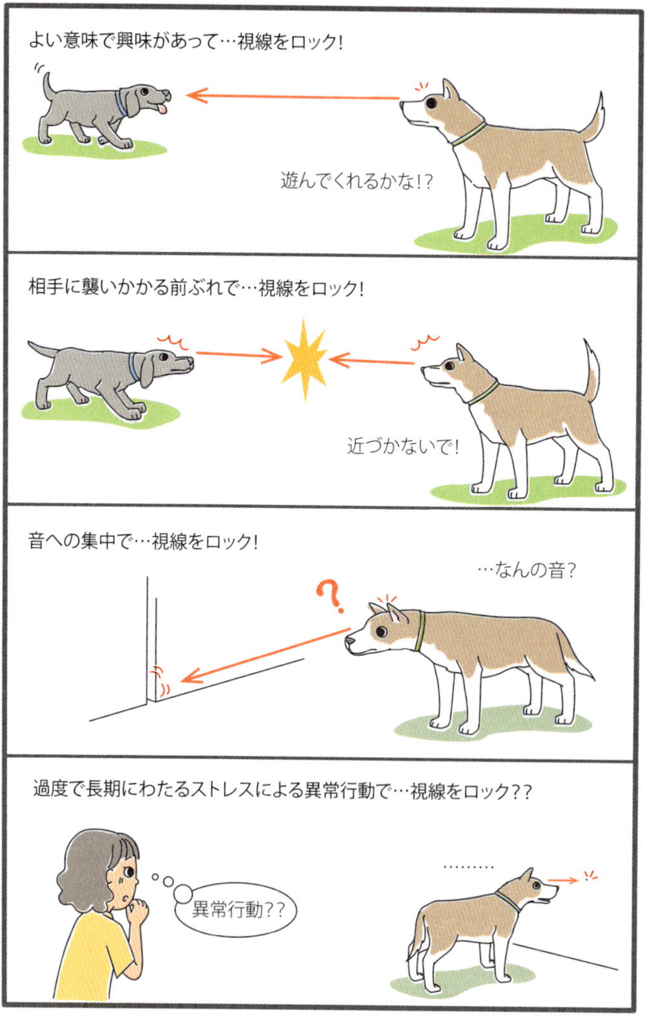

2-06

不安　ストレス　カーミングシグナル　気持ちいい　リラックス

目を細める

自分のかわいいイヌの話をするときに、飼い主さんは目を細めます。この場合の「目を細める」は、うれしそうな顔をすることです。ところが、イヌがうれしそうに目を細めるしぐさをするのを、私は見たことがありません。実際にはしているのかもしれませんが、目の形状が丸に近いイヌでは、その変化が感じにくいのかもしれません。でも、イヌも確実に目を細めるときがあります。

1つはまぶしいとき。この場合は、細めるというよりもしばしばさせるのに近いといえます。虹彩を広げて瞳孔を小さくするだけでは足りず、それ以上に、網膜に届く光の量を少なくしたいときに起こる、生理的な反応といえます。

もう1つは、ストレス時。ストレスを感じる対象に対し、「私に注目しないで。私はあなたにガンつけていないでしょ」と、そのしぐさを見せます。すなわち、カーミング・シグナルです。

まだあります。それは気持ちのいいとき。これは、瞼が重くなった感じで、うつらうつらし始めている、そうなったときです。

そうそう、人間の場合も、もう1つ目を細める状況がありますね。笑顔のときです。笑顔の基本は、口角を上げることですが、口角を上げると頬全体も引き上げられ、結果、下瞼が上に押し上げられて目も細くなります。

イヌが笑顔のときは、確かに口角を後方やや上方向に引きますが、人間のように目が細くなる感じはしません。うれしいときに目を細めるのと同様、イヌは目の形状が丸に近いので、その変化が感じにくいだけかもしれませんが……。

過去、イヌの笑顔だといわれて目が細くなっている写真を見せられたことがありますが、とても不自然な表情に見えました。カメラを向けられる、「マテ」を長時間かけられるなどがストレスとなり、カーミング・シグナルを発していたのだと考えられます。

人間が「目を細める」のはうれしいとき
イヌが目を細めるのは…
まぶしい…
まぶしいときは生理的反応
通常
まぶしい
………
ストレス時は「私に注目しないで」
気持ちいい…
気持ちがよくて、
うつらうつらし始めているとき

2-07

うとうとする

気持ちいい

リラックス

いい関係ができている飼い主に触れられることを、イヌは好みます。人間だって大好きな人に触れられると、うれしいと感じます。さらに触り方がツボを押さえたやさしいものであれば、気持ちよささえ感じます。

私はレッスンの中で、イヌが気持ちよく感じる触り方や、気持ちいいと感じやすい場所などをアドバイスします。では、気持ちいいと感じてくると、イヌにはどういう変化が見られるか、みなさんはご存じですか？

「気持ちいいと感じてくる」とは、「リラックスしてくる」といい替えてもかまいません。第1の変化は、体の力が抜けてくることです。リラックスの対極は緊張状態です。緊張すると交感神経が優勢になり、その作用で体が硬直します。一方、リラックス時には副交感神経が優勢になり、その作用で体が弛緩します。体から力が抜けていくので、飼い主に体を任せてきます。

触り方によっては、その触っている手に体を押しつけてくる。これが第2の変化です。飼い主といい関係ができていて、かつ飼い主の触り方がうまいと、1メートル以上離れたところのイヌでも、手を差しのべるようにだすだけで、頬や顔、肩胛骨《けんこうこつ》あたりを押しつけてきます。

第3の変化は、瞼が重くなったような目つきになります。前項で紹介した「目を細める」の1つ、うつらうつらするというアレです。

うとうとは眠くなっている証です。もちろんふだんでも眠いときに見せますが、あなたが触っているときに見せるのなら、それはあなたに触られることでリラックスしている、という証でもあるのです。

どうですか？　あなたのイヌは、あなたが触っているときに、うとうとした表情を見せますか？

緊張状態になると、
交感神経
＞
副交感神経
で体が硬直
イヌに「気持ちいい」触り方をすると、
交感神経
＜
副交感神経
となり、
体の力が抜けていき、
だんだん体をあずけてきて…
うとうとする…
…重いんですけど…
リラックスしている証です

2-08

ストレス　不安　カーミングシグナル

まばたきが多くなる

以前、ニュース番組を見ていたら、有名人が謝罪会見をしていました。その前からその人の映像はテレビで見ていたのですが、そのときは極度の緊張状態なのが画面からも見て取れました。いつものその人とは明らかに違うと感じられるしぐさをしていたからです。それは、激しいまばたきでした。

ストレスや緊張を感じると、極端にまばたきが激しくなる。もちろん、ふだんからまばたきが多い人もいますが、ストレスがかかるといつも以上に多くなる。

このストレス時のまばたきは、イヌもよく見せます。よく見かける光景としては、ペットショップで飼い主候補に抱かれて「かわいい！」などと大騒ぎされながら、目を見られている子イヌたちです。その多くが視線を外すのに加えて、かなりの確率でまばたきを頻繁にしています。カメラのレンズをイヌに近づけると、激しくまばたきするイヌもいます。

このしぐさは、視線を外す、目を細めるのと同様、自分にストレスを与えている対象に対して、「私にそんなに注目しないで。私はあなたにメンチ切ってないでしょ」と訴えているのです。ストレスサインの1つなので、多くは体の硬直やシッポが下がる、視線を外すといったしぐさ・行動をともなうことがほとんどです。

また、まばたきすることで、相手に敵意のないことを伝えることもできます。相手を攻撃しようとするときは、まばたきをしません。まばたきした瞬間に攻撃されるかもしれませんし、相手が獲物であれば、まばたきの瞬間に逃げられてしまうかもしれないからです。そういった意味からも、まばたきはカーミング・シグナルの1つとされているのでしょう。

ストレスや緊張を感じるとまばたきが多くなるのは、こんなとき
この写真の女、誰?!
パチ パチ
しっ…知らない…
…イヌも同じ
かわいい〜♡
ほら、おいで〜
むちむち〜♡
食べちゃいたい〜♡
視線をそらし、まばたきが多ければ…
パチ パチ
…ん?この顔
…!!
浮気がバレたときの彼に似てるわ〜
…それはストレスがかかっているのです

2-09

鼻をなめる

ストレス　カーミングシグナル　不安

なぜイヌは鼻をなめるのでしょう？　考えられる答えは、大きく2つ。1つは鼻を濡らすため。もう1つは鼻水をぬぐうため。ただし、鼻はなめなくても、鼻腔の分泌腺からでる分泌液（鼻水）および涙管から下りてきた涙によって、湿るようにできています。

イヌの鼻が湿っている理由は、におい分子を吸着しやすくするため、風向きなどを知るため、気化熱による体温調節を行うためなど多々あります。体温調節という意味では、汗と同じようなものともいえます。実際に運動などで体温が高くなると、鼻腔の分泌腺からでる分泌液の量が数十倍に増えます。

イヌの鼻はなめなくても濡れるものだとすれば、鼻をなめるのは鼻水をぬぐうため、と考えるのが自然です。すなわち、必要以上の鼻水がでて、放っておけば鼻水が垂れてしまうので、舌でなめ取るということです。

「鼻水を垂らす」の項目（34ページ）で述べたように、必要以上の鼻水がでてくる状況はというと、ストレスがかかったときです。交感神経の働きによって、そうなります。つまり、鼻をなめる行為はストレスサインとなるのです。

また、鼻をなめるときは舌が口からでます。舌が口からでている状況は、ある大きな意味を周囲に伝えることになります。それは、敵意がないことを相手に伝えられるということです。

イヌはみずからの歯を使って、相手を攻撃します。舌をだしながら相手を攻撃することはできません。なぜなら、舌を噛んでしまうからです。そのため、舌をだすという行為は、相手に対して敵意がないことを伝えられる、ということなのです。

こうした理由からでしょう、「鼻をなめる」こともカーミング・シグナルの1つとされています。

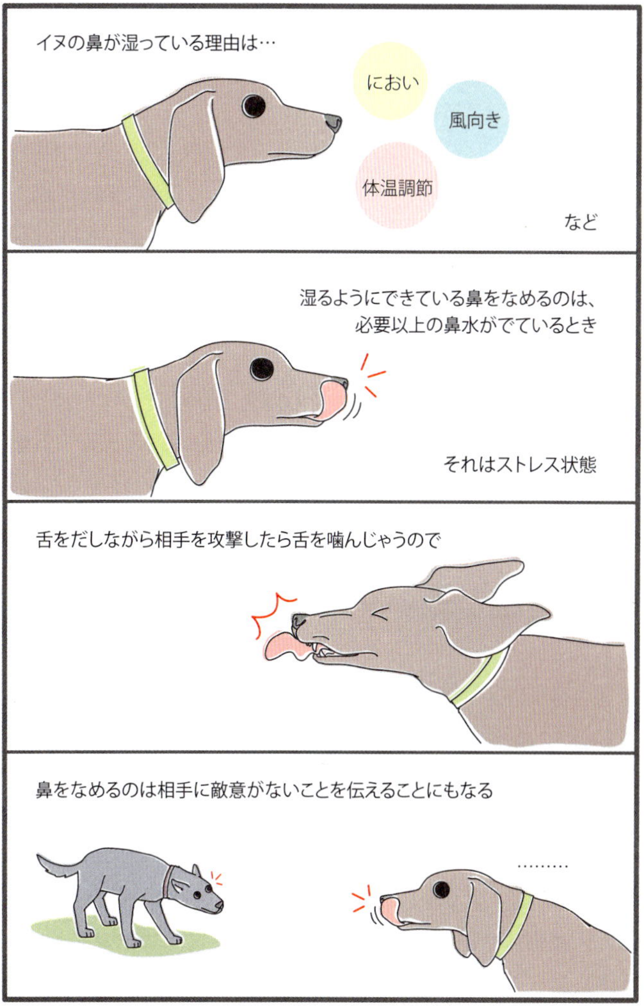
イヌの鼻が湿っている理由は…
におい
風向き
体温調節
など
湿るようにできている鼻をなめるのは、
必要以上の鼻水がでているとき
それはストレス状態
舌をだしながら相手を攻撃したら舌を噛んじゃうので
鼻をなめるのは相手に敵意がないことを伝えることにもなる
………

2-10 舌をペロッとだす

ストレス　カーミングシグナル　不安

唇をなめるしぐさは、カーミング・シグナルといわれています。前項で触れたとおり、舌を口からだすことは、攻撃の意志がないことを相手に伝えられるからです。

もっとも、イヌがそうした理由をすべて理解して、さまざまなしぐさをしているかどうかはわかりません。おそらく脳の機能からして、できないはずです。理由はわからないけれど、結果的にそうなることを学習していった、と考えるのが自然です。

学習とは、経験によってある行動の頻度を高めていったり、減らすことを指しますが、ここでの学習は、相手との緊張をやわらげるために舌をペロッとだすしぐさの頻度を高めたということです。

行動の頻度を高めるパターンは2つあります。1つはある行動をとった結果、いいことが起きたというパターン。もう1つは、ある行動をとった結果、いやなことがなくなったというパターンです(46ページ参照)。

ある行動は、たまたまでもいいのです。たとえば、ここでのある行動とは「舌をペロッとだす」というものです。たまたま舌をペロッとだしたら、相手との緊張が和らいだ。次も同じ結果が起きた。それが経験となって、次第に緊張が高まりそうなときに、舌をペロッとだす行動をすぐとるようになるということです。

カーミング・シグナルは生まれながらにもっていて、環境によって成長とともに維持する個体と、忘れ去ってしまう個体がいると主張する人もいますが、私は逆だと考えています。ある行動をとったら相手との緊張が和らいだという経験を通じて学習し、ストレス反応などがカーミング・シグナルへと変化していくのでしょう。

さて、ここで問題です。イヌがたまたまでも舌をペロッとだすのは、どんなときでしょう？（答えは次項で）

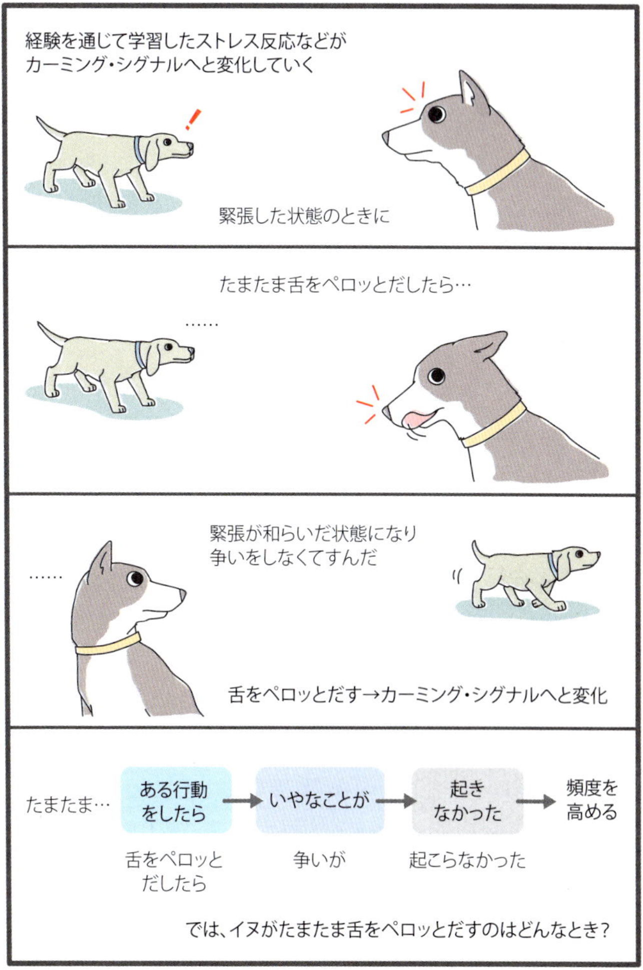
経験を通じて学習したストレス反応などが
カーミング・シグナルへと変化していく
緊張した状態のときに
たまたま舌をペロッとだしたら…
……
緊張が和らいだ状態になり
争いをしなくてすんだ
……
舌をペロッとだす→カーミング・シグナルへと変化
たまたま…
ある行動をしたら
いやなことが
起きなかった
頻度を高める
舌をペロッとだしたら
争いが
起こらなかった
では、イヌがたまたま舌をペロッとだすのはどんなとき？

2-11

唇をなめる

不安　ストレス　カーミングシグナル

前項の質問の答えは、以下のとおりです。

子イヌは、生まれてから2週目ぐらいまでは、目もまだ見えず、立って歩くこともできず、排泄も自分でできません。排泄は母イヌに陰部をなめられることでうながされ、排泄物は寝床（＝巣）や子イヌの体を汚さないように母イヌがすべて食べてしまいます。この時期、母イヌは陰部にかぎらず子イヌたちをよくなめます。

イヌが舌をペロッとだすのをよく見るのは、授乳が必要なまさにこの時期の子イヌです。指先でその舌に触れると、おっぱいと間違えて吸いついてきます。おそらく、ペロッと舌をだす行為は、おっぱいを探しているのでしょう。

さて、3週目からの離乳期には歯も生えてきますので、それまでのようにおっぱいに食らいつくと、母イヌは痛くて怒ります。そんなときに舌をペロッとだしたら、母イヌの怒りが静まった。

あるいは、この離乳期には母イヌのそばを離れ、子イヌ同士で遊ぶことを始めます。子イヌ同士の遊びは、もっぱら取っ組み合いと噛みつき合いです。遊びがエスカレートしたときに、たまたま舌をペロッとやったら興奮度が下がった。

以上のような経験を通じて、相手との緊張状態のときに舌をペロッとだすイヌがでてくるのでしょう。

さて、イヌが舌をだす行動はほかでも見られます。ストレス反応として口の中の水分が増えることは、すでに話しました。よだれを垂らすほどの口の水分の増加までいかない段階では、水分は口の際、口角にたまります。あぶく状になっていることもあります。イヌはそれをペロッとなめ取るのです。

他者との関係でストレスを感じ、口の中に増えてきた水分が口の際にたまって、それをペロッとなめたら相手との緊張が和らいだ。そうした経験を通じて学んだ行動が、カーミング・シグナルになっていく、そう考えられます。

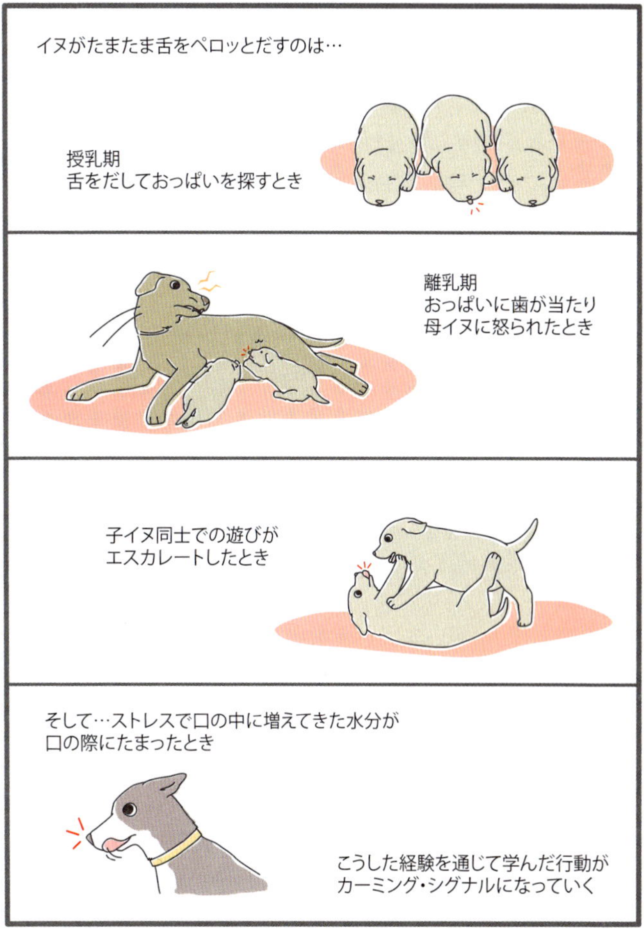
イヌがたまたま舌をペロッとだすのは…
授乳期
舌をだしておっぱいを探すとき
離乳期
おっぱいに歯が当たり
母イヌに怒られたとき
子イヌ同士での遊びが
エスカレートしたとき
そして…ストレスで口の中に増えてきた水分が
口の際にたまったとき
こうした経験を通じて学んだ行動が
カーミング・シグナルになっていく

ワン話休題

カーミング・シグナル

本でもインターネットでも、いまや「カーミング・シグナル」という言葉をよく目にするようになりました。私が初めて出会ったのは1994年です。当時はネットも普及しておらず、本屋さんに並ぶ本にも一切でていませんでした。この1994年は、社団法人 日本動物病院福祉協会（JAHA）が家庭犬しつけインストラクターの養成講座をスタートさせた年です。

カーミング・シグナルの存在を知ったのは、そのインストラクターの養成講座でした。もっとも、最初はカーミング・シグナルとは表現されていませんでした。当時のテキストには、「ノルウェー流やすらぎの合図」と紹介されていました。なぜ、ノルウェー流といわれたかというと、この考え方の提唱者のトゥリッド・ルガス女史がノルウェーの人だったからです。

当時のテキストにはこう書かれています。

「犬は恐怖やストレスのかかる状況に直面すると、自分自身を落ち着かせ、互い同士の落ち着きを取り戻そうとする能力を備えています」

そして、代表的なものとして、ゆっくり歩く、体をくねらせて歩く、地面のにおいを嗅ぐ、座る、伏せる、まばたきする、視線をそらす、背中を向ける、あくびをする、といった行動が紹介されています。

数年後には、「ノルウェー流やすらぎの合図」は「カーミング・シグナル」と名前を変え、世の中に広まり始めました。

さて、カーミング・シグナルは、現在では多くの本やネットで紹介されていますが、なぜその行動が「自分自身を落ち着かせ、互い同士の落ち着きを取り戻す」ことに役立つのか、そしていつどうやってそれらを身につけるのかなどは、あまり紹介されていません。

本書では、そのあたりのことまで踏み込んで紹介しています。

たとえば、すでにお話ししましたが、ストレス時に本能的にとった行動や、たまたまでもとった行動によって、結果的にストレスが軽減した、すなわち、相手からの自分に対する集中やプレッシャーが減じたとしましょう。これは、学習心理学や行動分析学がいう「結果的にいやなことがなくなる行動の頻度は高まる」学習パターンにあてはまります。

　そして、同じような状況に遭遇すると、その行動を積極的にとるようになるのです。カーミング・シグナルの多くがストレス反応と重なるのは、まさにそういうものだからです。

　重要なのは、きっかけは生得的な行動ではあっても、学習も欠かせないことです。そしておそらく、その学習は社会化期になされていくということです。初期の社会化期に親兄弟のもとにいる必要があり、さらに、その後の社会化期でも他犬との触れ合いが必要な理由は、ここにあります。

2-12

犬歯を見せる

怒り

恐怖

イヌの最強の武器は、いわずもがな上側の犬歯です。ただしこの武器を使うことを、イヌたちは基本的に避けたいと考えています。動物の行動は、まず得られるものの価値や、失いたくないものの価値（すなわち資源価値）と、それを得るための労力、守るための労力（すなわちコスト）を天秤にかけます。そして、資源価値とコストの関係が、**資源価値－コスト＞0**にならない行動は、選択しないのが基本です。

犬歯を使用するというのは、相手に戦いを挑むことです。戦いはコストも多大となります。得られる利益は、資源価値からコストを引いたものなので、コストがかさむと利益が少なくなります。ゆえに、まず犬歯を使用しない行動をとろうと考える。それが自然といえるでしょう。

加えて、彼らの行動は資源価値とコストの関係だけで決まるわけではありません。もう1つの重要な要因がかかわってきます。その要因とは、リスクです。たとえ資源価値－コスト＞0という図式が成り立ちそうでも、そこに大きなリスクを感じる場合、彼らは行動を控えます。

犬歯を使用するというのは、場合によってはケガをするかもしれないし、命を落とすかもしれません。そこには大きなリスクが存在するわけです。こうしたリスクを考えれば、犬歯の使用はなるべく避けたい、そう考えるのもまた自然なことといえます。

コストを抑えたい、リスクも回避したい。こうした理由から、彼らは相手に噛みつく前に、まずは相手をにらむという行動を取ります。そこで相手が引き下がれば、リスクもコストも最小に抑えることができます。それで相手が引かなければ、軽くうなります。さらにそれでも相手が引かなければ、今度は鼻の上にしわを寄せて犬歯を少し見せます。

視線のロックも、うなりも、鼻の上にしわを寄せるのも、犬歯を見せるのも、いわばイヌからの警告なのです。あなたがその警告をすべて無視すれば、イヌは噛んでくることでしょう。

資源価値（スリッパ）を失いたくないので、まずは、相手をにらむ
コスト**少々**
リスク**少々**
スリッパ返して！
それでも相手が引かないと…軽くうなる
コスト**小**
リスク**小**
早く！
うぅ〜
それでも相手が引かないと…犬歯を少し見せる
コスト**やや中**
リスク**やや中**
!!!!!!
ヴゥゥウゥウ
それでも相手が引かないと…噛む
コスト**大**
リスク**大**
!!!!!

2-13

唇をめくる

興奮

その他

唇をめくるのは犬歯を見せるため、というのが理由の1つです。鼻の上にしわが寄ります。この表情は人間も昔は見せていたのでしょうね。仁王様の顔がそれです。

戦いのシーンの多いマンガや劇画では、人間の怒りの表情としてよく使われています。いまでこそ、この表情を私たちが見せることはそうありませんが、マンガなどでそうした表現がよく使われるのは、現代人にもこの表情が威嚇《いかく》や怒りを表している、それがストレートに伝わるということなのでしょう。昔は私たちの犬歯も重要な武器だった、ということです。

さて、数としては少ないのですが、犬歯を見せる目的以外にも、唇をめくるイヌたちがいます。

フレーメン反応をご存じでしょうか？　人間にはその痕跡しかないといわれていますが、多くのほ乳類はフェロモンを感じ取る鋤鼻器《じょびき》という器官をもっています。そして、そこからフェロモンを感じ取るために上唇をめくります。上唇をめくるのは、多くのほ乳類の鼻腔と口腔はつながっていて、鋤鼻器は鼻腔内にあるのですが、フェロモンは口腔から嗅ぎとるようなしくみになっているからです。このフレーメン反応、ウマのそれがもっとも有名で、上唇をめくり歯茎が見える顔は、笑っているようにも見えます。

このフレーメン反応らしき反応を見せるイヌが、まれにいるのです。多くは飼い主の帰宅時に見せることから、喜んで笑っているんですよ、と説明するトレーナーも少なくありません。帰宅時に飼い主がまとってきたなにかしらのフェロモンを感じ取ったのでしょうか？　そこでフレーメン反応らしき行動になった。その表情を見て、飼い主が大喜びするなどの「いいこと」が起きた。結果的にいいことが起きた行動の頻度は高まるので、かくして飼い主が帰宅すると、上唇をめくるようにして歯茎を見せる犬のできあがり、ということなのだと思います。

多くのほ乳類はフェロモンを
感じ取る鋤鼻器という器官がある

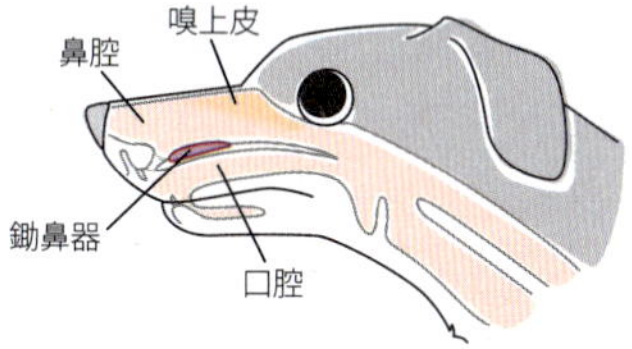

フェロモンを感じ取るために
上唇をめくるのが、フレーメン反応

ウマがもっとも有名で
歯茎を見せて笑ったような顔に見える

この反応を見せるイヌは少ないが、

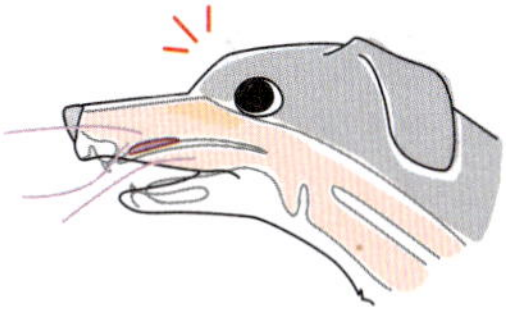

飼い主がまとってきた
なにかしらのフェロモンを感じ取り、

フレーメン反応を思わせる
「笑っているような表情」になるイヌもいる

2-14

下の犬歯を見せる

リラックス

うれしい楽しい

犬歯というと、一般的に上の牙のことをイメージしますが、犬歯は下の歯にもあります。解剖学的には、上の歯の犬歯を上顎《じょうがく》犬歯、下の歯の犬歯を下顎《かがく》犬歯といいます。

人間の犬歯は、前歯から数えると3本目ですが、イヌの犬歯は4本目です。永久歯に抜け替わった成犬の歯は、切歯と呼ばれる前歯3本、犬歯の奥に前臼歯4本、その奥に後臼歯が上の歯に2本、下の歯に3本あり、上下左右を合わせると計42本になります（人間は親知らずを入れて32本が基本）。

ちなみに、イヌの乳歯は28本（人間は20本）です。乳歯は生後3週齢ごろから生え始め、生後2カ月齢ごろまでに生えそろいます。永久歯は生後3～4カ月齢ごろから生え始め、乳歯と抜け替わって生後7～8カ月齢までにすべての歯が永久歯になります。

歯が生える順番は、下顎の切歯→上顎の切歯→下顎の前・後臼歯→上顎の前・後臼歯→下顎の犬歯→上顎の犬歯で、乳歯も永久歯も同じだといわれています。

さて、歯の並びの解説はこのくらいにして、下の犬歯が見えるお話。上の犬歯を見せるのは、武器をちらつかせるか、フレーメン反応らしい行動か、そこから学習したしぐさなどですが、上の犬歯は見せずに、下の犬歯が目立って見えるときがあります。

上の犬歯を見せるときは、口が閉じられているか開いていてもわずかに見せることが多いのですが、下の犬歯を見せるときは、口がだらしなく開かれています。

体温調節のときにも口を開けますが、そのときは舌がでていることが多く、下の犬歯は目立ちません。逆に目立つのは、飼い主なら「あ、アレね」と気づく表情、つまり笑顔のときです。目つきもやさしいのがよくわかるはずです。

　このように、下の犬歯が目立っているときは、リラックス、ハッピーといった気分なのです。

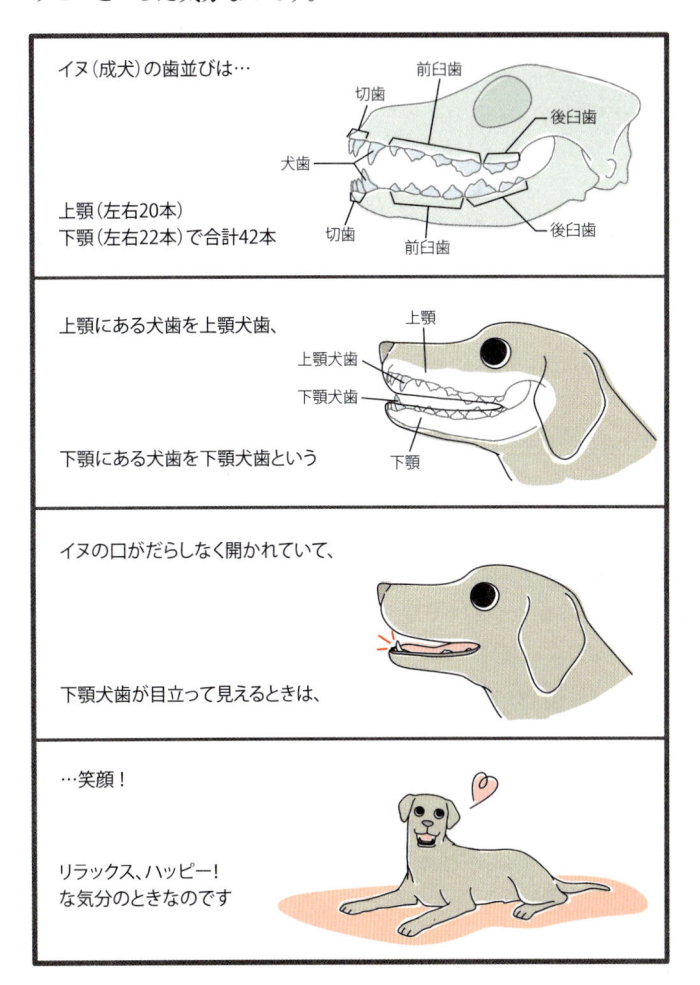

イヌ（成犬）の歯並びは…

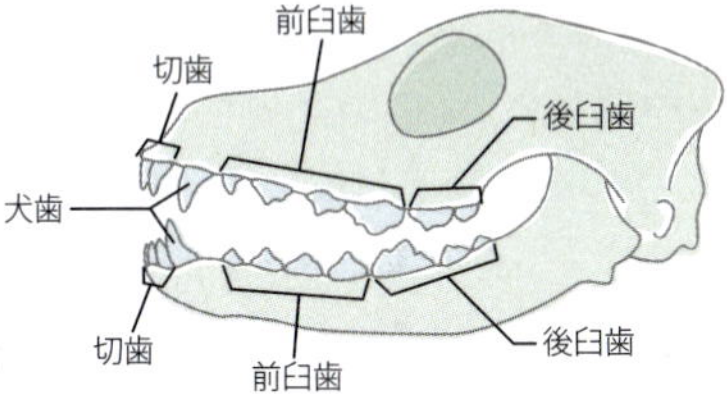

上顎（左右20本）
下顎（左右22本）で合計42本

上顎にある犬歯を上顎犬歯、

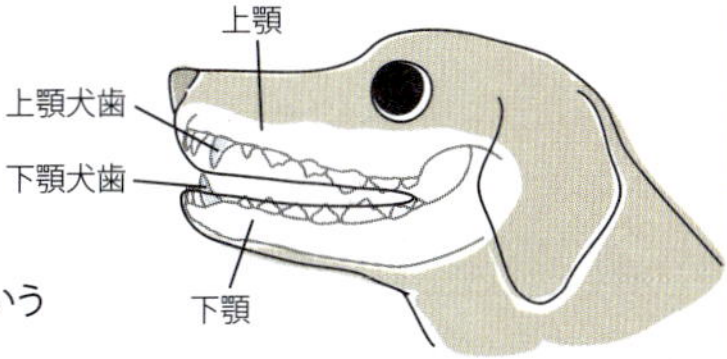

下顎にある犬歯を下顎犬歯という

イヌの口がだらしなく開かれていて、

下顎犬歯が目立って見えるときは、

…笑顔！

リラックス、ハッピー！
な気分のときなのです

2-15

口を軽く開ける

リラックス

うれしい楽しい

口を開いているか閉じているかでも、イヌの心情は読み取れます。リラックスしているイヌは、口を軽く開けていることが少なくありません。開いていた口がきゅっと閉じられるのは、なにかに集中したか、あるいは少し不安になったか、ストレスがかかったか、そのいずれかです。

私のスクールでよく目にするのは、「フセ」でイヌを待たせ、飼い主がその場からいなくなる、というトレーニングの最中です。このトレーニングは、いなくなった飼い主がかならず戻ってくるという信頼関係を構築するために行います。

もちろん、いきなりその場からいなくなるのではなく、まずは3メートルぐらい離れる練習をします。離れては戻り、フードを提供する。それを繰り返しながら、距離を延ばしていきます。

それが安定してできるようになったら、次についたてやソファーの後ろに一瞬隠れるようにします。このとき、先の「口を閉じる」しぐさをイヌがよく見せます。離れては戻ってフードを繰り返し与えていると、イヌは待っていればフードがもらえるので、多くがリラックスして口を開いてきます。

ところが、飼い主の姿が見えなくなる瞬間、口がぴたっと閉じられるのです。飼い主がいなくなるという不安やストレスが、口を閉じさせるのでしょう。

状況にもよりますが、ストレスは犬にあえぎをもたらします。すなわち、ストレスのかかり方次第で、イヌは口を開けたり、閉じたりするのです。

ここで重要なのは、その前後になにが起きているかといった状況の分析と、あえぎがともなっているか、下の歯がよく見えているか、などのほかの反応を加味して考えることです。

もちろん、目つきがやさしく、下の歯がよく見えていて、口角が後方に引き上げられているのなら、リラックス状態。笑顔の1つだと判断できます。

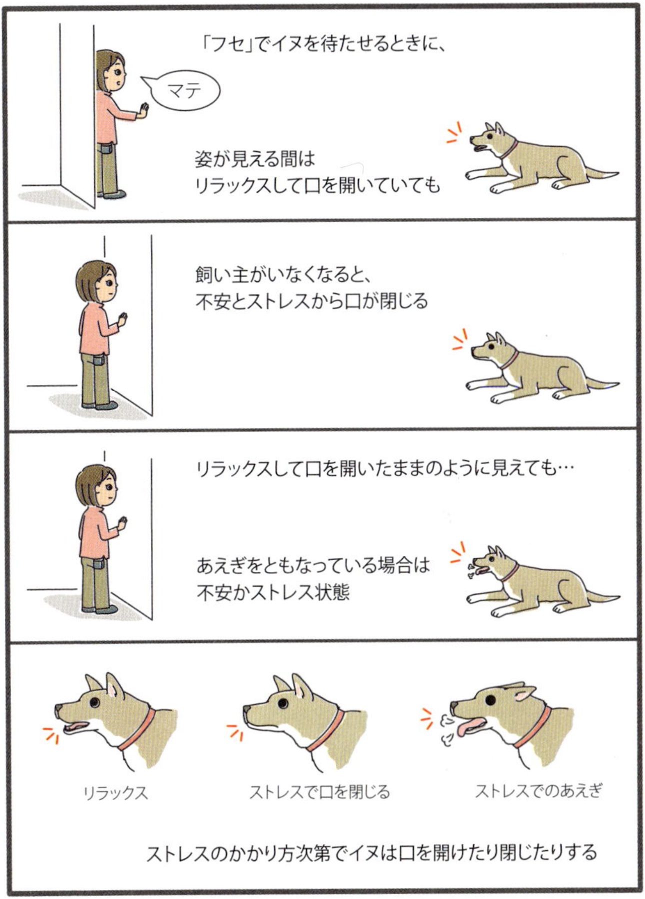
「フセ」でイヌを待たせるときに、
マテ
姿が見える間は
リラックスして口を開いていても
飼い主がいなくなると、
不安とストレスから口が閉じる
リラックスして口を開いたままのように見えても…
あえぎをともなっている場合は
不安かストレス状態
リラックス
ストレスで口を閉じる
ストレスでのあえぎ
ストレスのかかり方次第でイヌは口を開けたり閉じたりする

2-16

口角を上げる

リラックス

うれしい 楽しい

知り合いの獣医さんに、変わった経歴のもち主がいます。大学時代はクジラの研究をしていて、捕鯨調査船での数カ月間にわたる南氷洋航海も経験。卒業後は日本競馬協会（JRA）に就職し、ウマを診ていた。その後、先輩の獣医師に誘われてイヌやネコを診る開業医になった、という人です。

彼と話しているときに、「クジラの研究やウマの仕事など、いまのイヌやネコを診る仕事に就くまでずいぶん遠回りした感じがしますが……」と話したことがあります。すると彼は、「いやいや全然むだなことではありませんよ。みんなほ乳類ですから。筋肉や骨、神経など、若干の違いはありますが、多くが共通しているんですよ」と答えてくれました。

「人間もほ乳類ですから、多くが共通しています。たとえば、ペットの病院でだしている薬の8割以上は、動物用医薬品ではなく、人間の薬ですから」とも話してくれました。

私の専門はイヌです。シッポがある、鎖骨がない、耳が動く、鼻がなめられるなど、確かに人間とイヌとの違いはありますが、同じところのほうが多いのは事実です。

同じところといえば、笑顔なども共通している部分が多いものです。目がやさしくなり、口が軽く開かれ、口角が引き上げられる。この口角が引き上げられる際に、イヌによっては頬の部分にしわというか、皮膚の隆起が見て取れることもあります。

あるとき、フレンチブルドッグのこうした笑顔の写真を見て、「あ、これスマイルマークといっしょだ」と叫んだことがあります。実際に、その写真とスマイルマークのワッペンを並べてみたら、まったく同じ。その発見がうれしくて、知り合いみんなに見せて回りましたけど、全員が「ホントだ！」と笑顔になっていました。

　これも、イヌと人が共通している表情筋を有しているからこそ、なのでしょうね。

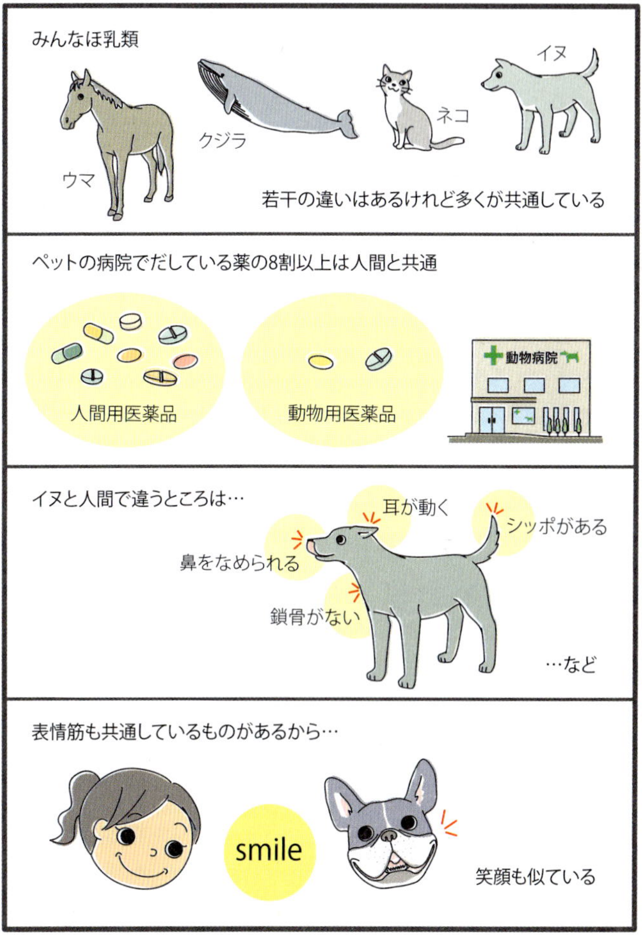
みんなほ乳類
ウマ
クジラ
ネコ
イヌ
若干の違いはあるけれど多くが共通している
ペットの病院でだしている薬の8割以上は人間と共通
人間用医薬品
動物用医薬品
動物病院
イヌと人間で違うところは…
耳が動く
シッポがある
鼻をなめられる
鎖骨がない
…など
表情筋も共通しているものがあるから…
smile
笑顔も似ている

2-17

耳が横を向く

不安　ストレス　警戒

草食動物の多くは、耳が真後ろまで向きます。これは、危険を察知するためのレーダーのようなもの。生きのびるために必要な機能なのでしょう。エサを食べていても、耳だけは横を向いたり後ろを向いたり動いています。こうした動きの遺伝子をもっている個体が環境に適応し、子孫を増やしてきたということです。

動物はそれぞれ聞こえる周波数にも違いがあります。草食動物の場合は、おそらく捕食者の気配の音の周波数に敏感なように進化しているはずです。

捕食するほうも、獲物の気配の音に敏感なようにできています。たとえばネコとイヌでは、聞き取れる周波数帯域に違いがあります。イヌは4万5000ヘルツ以上まで、ネコは6万ヘルツ以上の音まで聞き取れるといわれています。この違いは、先祖たちの獲物の大きさの違いによるものです。獲物の体が小さければ、その鳴き声や活動の際に生じる音の周波数は高いからです。

さて、イヌの耳の動きはどうなのでしょう？　耳が向く方向の稼働範囲は、草食動物ほどは広くないようです。真横から少し後ろ側には向くようですが、真後ろには向きません。そして、よく動かすのは警戒しているときと、ストレス下です。

イヌは気になるものに対して鼻先を向け、視覚と聴覚の両方から情報を集めようとします。耳だけを動かすのは、鼻先の向きを変えないほうがいいという状況においてです。

私のパートナー犬の鉄は、不安な状況下で私が指示をだすと、よく耳を動かします。視線は指示をだしている私のほうに向けますが、音で危険を察知しようと懸命になっているかのようです。

耳が寝ているイヌもいます。危険も獲物も察知しにくいわけですから、自然界にいたらとっくに淘汰されていますね。つくづくイヌというのは人工的な存在だということがわかります。

動物の耳は、動く範囲や聞こえる周波数が種によって異なる
草食動物
肉食動物
危険を察知するため、
草食動物の多くは耳が真後ろまで向く
イヌの耳は真後ろには向かない
視覚と聴覚の両方から情報を集めようとするので、
耳をよく動かすのは警戒しているときとストレス下

2-18

耳を寝かせる

不安　ストレス　警戒

頭をなでたときに、多くのイヌは耳を寝かせるはずです。イヌが耳を寝かせるのは、相手をこわいと感じているときです。

日本人は頭をなでることをほめる行為、相手が喜ぶ行為と思っています。なでられているほうもほめられた、うれしいとある年齢までは思います。しかし、これは生まれつきではなく、体験により学び取っていく、条件づけられていく感情なのです。

頭をなでられる体験は、生まれてまもなく行われます。体験による学習も、条件づけもほとんどなされていない白紙の状態から、やさしく声をかけられ、満面の笑みをともなってなでられる。その体験を繰り返すことで、物心つくころには頭をなでられると、ほめられた、うれしいと思うようになります。

さて、イヌはどうでしょう？　イヌは白紙の状態のときには、まだ母イヌのもとにいます。人間のもとにやってきても、子イヌのときはまだ頭も小さいので、なでるのは頭以外の背中などです。場合によっては、それほどなでられないで成長していくこともあります。その結果、頭をなでられると、ほめられた、うれしいと学習していくことは人間の子どもと比べると、少ないのです。

さて、相手をこわいと感じているときに、なぜ耳を寝かせるのでしょうか？　これは、万が一の場合でも、大事な耳というレーダーへの損害を最小限にとどめるためです。早い話が、食いちぎられないように、耳を格納しているのです。逆の見方をすれば、耳を食いちぎられるかもしれないと、実際はそこまで思っていないかもしれませんが、そうした心理が根底にあるということです。

試しに、あなたのイヌの頭をなでてみてください。耳を寝かせないのなら、あなたを信頼しています。耳を寝かすのなら、あなたを警戒しているか、こわい存在と思っているかもしれません。

頭をなでられて「うれしい」と思うのは、
よくがんばったね！
体験により条件づけられたから
頭をなでられると、「ほめられた」「うれしい」とイヌが学習することは少ないので
Good!
頭をなでて、
耳を寝かせないなら、
信頼されている
耳を寝かすなら、
大事な耳を守らなきゃ！
…警戒されているか、こわい存在かも

ワン話休題

動物の行動の4つのなぜ

これまでノーベル賞を授賞した動物行動学者が３人います。カール・フリッシュ、コンラート・ローレンツ、ニコラス・ティンバーゲンです。

有名なのは、コンラート・ローレンツでしょうか。彼がいまでもその名を忘れられていないのは、一般の人が読む本を何冊か世にだしているからでしょう。

一方、現在でも重要視される視点を提唱し、専門的な本にはかならずといっていいほどその視点が紹介され、登場するのが、ニコラス・ティンバーゲンです。

彼は動物の行動を解明するには、**至近要因**、**究極要因**、**発達要因**、**進化系統要因**の４つの視点があることを発見しました。

たとえば、緊急事態になるとなぜイヌの耳が寝るのか、という「なぜ」に対して、至近要因は、その行動を直接引き起こす生理的なメカニズムはなにか、究極要因は、その行動は進化的にどのような意味があったのか、どのように適応的だったのかを、発達要因は、その行動は個体の成長と発達の過程でどのように完成されるのか、そして、進化系統要因は、どのような祖先型の行動からそれが発達してきたのか、という、視点の違う４つの答えが存在するということなのです。

本書は、この４つの視点のいずれかから、あるいは複数の視点から、それぞれの行動を解説するように努めています。

もっとも、ニコラス・ティンバーゲンは４つの「なぜ」にすべて答えることが真の行動の解明である、と主張していますので、彼の期待には遠く及びもしませんが……。

第3章

しぐさを観察する

3-01

シッポを上げる

集中　うれしい楽しい　威嚇・警告　警戒

シッポの位置でも、イヌの心理状態はある程度わかります。

シッポの位置の変化を知るには、まずノーマルな状態の位置を知ることが大切です。**社会化**ができているイヌなら、ふだんの散歩で歩いているときのシッポの位置を観察するといいでしょう。

犬種によって、ノーマルなシッポの位置は異なります。私のパートナー犬のダップのシッポは、ピンと立っている状態がノーマルで、もう1匹の鉄のほうは、水平を基準に上下15度ぐらいの範囲がノーマルな位置です。そのノーマルな位置がわかれば、そこから上がる、あるいは下がるという変化がわかります。

ノーマルな位置から上がるのは、なにか興味のある対象に気がついたときです。ポジティブ（積極的）な状態なのですが、心情的には2種類あります。1つは「ワーイ！」といううれしい、攻撃するつもりのない状態、もう1つは「なんだあいつ」という警戒、場合によっては攻撃をしかけるかもしれない状態です。

もちろん、そのどちらかであるかは、耳や目つき、口の状態、シッポを動かしているか止めているか、動かしているのならその動かし方、およびその変化の前後になにが起きるかといったことから判断します。シッポを上げているから喜んでいる、と単純には考えないことです。

なかには、人間の都合で生まれてまもなくシッポを切られてしまうイヌもいます。プードルなど比較的長めに切られているイヌから、コーギーのように見た目にはシッポがまったくないくらいの短さに切られるイヌまで……。また、フレンチブルドッグなどのように、生まれつきシッポが短く、しかも曲がっているイヌもいます。

　シッポが短くなればなるほど、その心理状態は読みにくくなります。そうしたイヌを飼われている方は、その分、ほかの部位の変化などから心理状態が読めるよう、そのすべを身につけることです。

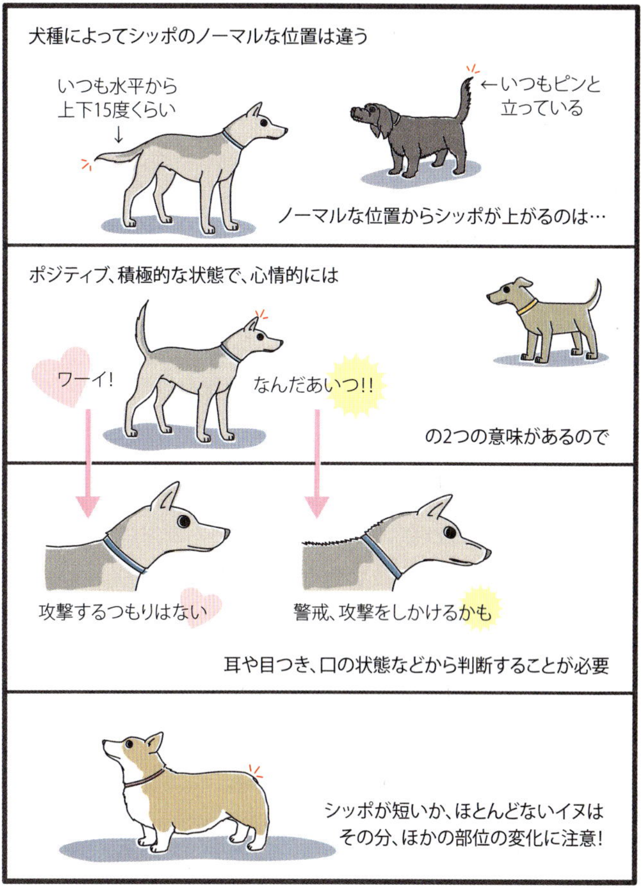
犬種によってシッポのノーマルな位置は違う
いつも水平から
上下15度くらい
↓
←いつもピンと
立っている
ノーマルな位置からシッポが上がるのは…
ポジティブ、積極的な状態で、心情的には
ワーイ!
なんだあいつ!!
の2つの意味があるので
攻撃するつもりはない
警戒、攻撃をしかけるかも
耳や目つき、口の状態などから判断することが必要
シッポが短いか、ほとんどないイヌは
その分、ほかの部位の変化に注意!

3-02

シッポを下げる

ストレス　恐怖　警戒　不安

シッポを上げる意味は前項で説明しましたが、シッポを下げるのはどうでしょう？

シッポを下げるのは、警戒や不安などのネガティブな気持ちになったときです。ただこちらも、ちょっとこわいけどまったく攻撃なんかしませんよという態度と、追い詰められたら噛みつくぞという攻撃性を秘めた心情の2つがあります。

どちらなのかは、耳や目つき、口の状態、およびその変化の前後になにが起きるかといったことから、判断していきます。

シッポを下げるだけでなく、そこから後足の間に入れ込む場合もあります。さらに、完全にお腹の下へと巻き込むこともあります。こうした変化は、恐怖のレベルが高くなればなるほど、また、まったく攻撃なんかしませんよというアピール度が強くなればなるほど、先へと進んでいきます。

シッポを下げたあと攻撃してくるのか、攻撃してこないのか、この見極めも難しいところです。

さて、シッポを後足の間に入れ込み、さらに完全にお腹の下へと巻き込んでいく動きにも意味があります。耳を寝かせるのと同様、万が一に備えて格納を始めているのです。「シッポを巻いて逃げる」という表現がありますが、まさにシッポを食われないようにして退散している姿ということなのです。

陰部を守っている、という違った見方もできます。シッポは多少損失しても、命が助かれば子孫を残せるかもしれません。しかし、陰部を損失してしまったら子孫は残せません。だから、仮にシッポを食われたとしても、とにかく陰部を守る。

いずれにしても、シッポを巻いている状態は、自分の身が食われるかもしれない、それに備えなくてはいけないという心理が根底にあるということです。

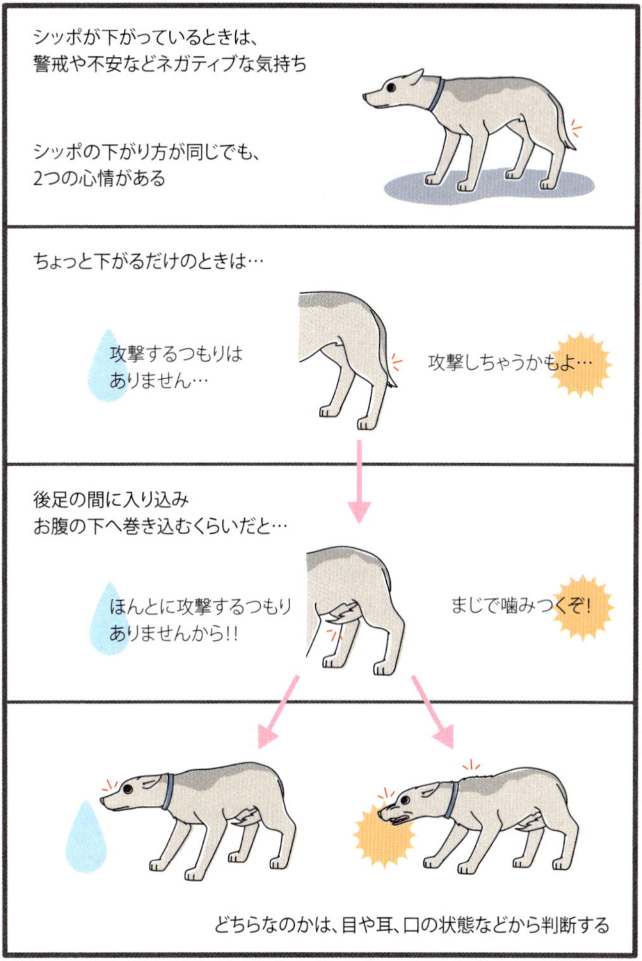
シッポが下がっているときは、
警戒や不安などネガティブな気持ち
シッポの下がり方が同じでも、
2つの心情がある
ちょっと下がるだけのときは…
攻撃するつもりは
ありません…
攻撃しちゃうかもよ…
後足の間に入り込み
お腹の下へ巻き込むくらいだと…
ほんとに攻撃するつもり
ありませんから!!
まじで噛みつくぞ!
どちらなのかは、目や耳、口の状態などから判断する

3-03 シッポを振る

不安　うれしい楽しい　カーミングシグナル　警戒　興奮　リラックス

続けて、シッポの動きも読み解いていきましょう。

止まっている状態には、2つの意味があります。1つはうれしくもなく、不安でもなく、興奮もしていない、ニュートラルな心理状態。もう1つは、なにかに集中している、なにかを警戒しているという緊張・硬直状態です。

ゆっくり動かすのは、軽い興奮状態、または様子をうかがっているような状態です。ちょっとうれしいけれど、この先どうなの、やるときはやるよ、そっちの出方次第では……、といった感じ。

激しく振るのは、興奮を意味します。これは、イヌの個性というか性格がよくでます。縦に振ったり、左右に振ったり、グルグル回すこともあります。シッポが短いと見た目のせわしなさが際立ちます。私が講師を務める専門学校にいるイングリッシュコッカースパニエルのシッポ振りは、目にも止まらぬ速さといった表現がピッタリ。右に左に上に下に、さらに旋回まで加わります。

さて、シッポの動かし方と位置関係を合わせてみると、以下のようにおおよその心理が推し量れます。

ノーマルな位置から少し下がってゆっくり動かしている→ちょっとうれしいけど不安、この先どうなの。さらに下がった位置でゆっくり振っている→警戒しているけど様子見、場合によっては突撃します。高々と上げて小刻みに激しく振っている→うれしくて大興奮。高々と上げてゆっくり動かしている→私自信家ですので、そっちの出方によってはやりますよ。高々と上げてピタリと止めている→あなたに照準を合わせました。

そういえば、あなたのイヌがシッポをブンブンと振るイヌなら、コールドテール症候群にご用心ください。これは、いわばシッポの腱鞘炎。特にラブラドールあたりは注意が必要です。

シッポの動かし方と位置関係は…
ノーマルな位置から
少し下がってゆっくり動かしている
ちょっとうれしいけど不安、
この先どうなの？
さらに下がった位置で
ゆっくり振っている
警戒してるけど様子見、
場合によっては突撃するよ
高々と上げて小刻みに
激しく振っている
うれしくて大興奮
高々と上げて
ゆっくり動かしている
私自信家ですので、
そっちの出方によっては
やりますよ
…といった感じ

ワン話休題

合図の教え方

イヌはたまたま起こした生理的な反応や行動でも、結果次第で、その行動の頻度を高めることができますし、合図も含めた特定の環境の変化に反応して、その行動を起こすという学習もします。

多くのストレス反応がカーミング・シグナルという行動と重なっているのも、たまたま起こした生理的な反応が、その結果によって行動の頻度を高めたからなのでしょう。

私のパートナー犬のダップは、合図でクシャミをすることができます。実際はクリッカートレーニングという手法で教えたのですが、簡単に説明すると、クシャミを偶然にしたときに「いいこと」、すなわちフードを提供します。すると、「いいこと」を提供しているのが私だとわかっているので、私の顔を見てはクシャミを頻繁にするようになるわけです。

私の顔を見て頻繁にクシャミをするようになったら、ダップがクシャミするなと感じたときに、先に合図を発するようにします。合図→クシャミ→いいこと、というパターンを体験させるのです。これは、先行刺激→行動→結果（いいことが起きる、いやなことがなくなる）というパターンを繰り返し体験していると、先行刺激を感じ取るとその行動を確実にとるようになるという学習心理学、行動分析学の理論「三項随伴性」にもとづいているものです。

さて、合図でクシャミをさせるには、先行刺激→行動→結果、これにさらにひと作業入れます。そもそもは、勝手にクシャミ→いいこと、というパターンからのスタートでしたが、勝手にクシャミしたときにはなにも起こさないようにするのです。すなわち、合図→クシャミ→いいこと、勝手にするクシャミ→なにも起きない、というように対応を変えるのです。すると、勝手にするクシャミの頻度は減り、合図をだしたときだけクシャミをするようになっていきます。

こうした、合図をだしたときだけ行動を起こすように操作していくことを、**刺激制御**といい、このときの合図は先行刺激ではなく**弁別刺激**と呼ばれます。イヌが勝手に起こしている行動を、合図で起こさせたいのであれば、ぜひ以上のことを参考にしてみてください。

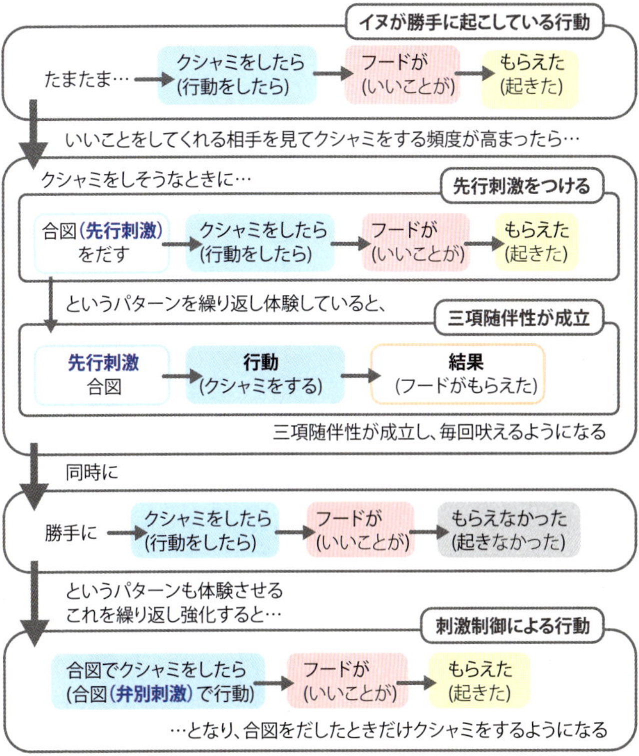

イヌが勝手に起こしている行動
たまたま…
クシャミをしたら(行動をしたら)
フードが(いいことが)
もらえた(起きた)
いいことをしてくれる相手を見てクシャミをする頻度が高まったら…
クシャミをしそうなときに…
先行刺激をつける
合図(先行刺激)をだす
クシャミをしたら(行動をしたら)
フードが(いいことが)
もらえた(起きた)
というパターンを繰り返し体験していると、
三項随伴性が成立
先行刺激
合図
行動
(クシャミをする)
結果
(フードがもらえた)
三項随伴性が成立し、毎回吠えるようになる
同時に
勝手に
クシャミをしたら(行動をしたら)
フードが(いいことが)
もらえなかった(起きなかった)
というパターンも体験させる
これを繰り返し強化すると…
刺激制御による行動
合図でクシャミをしたら(合図(弁別刺激)で行動)
フードが(いいことが)
もらえた(起きた)
…となり、合図をだしたときだけクシャミをするようになる

3-04

頭を下げる

恐怖　不安　うれしい楽しい

頭を下げるのは、まず相手に不安やこわさを感じているときです。「オイデ」と呼んだときに頭を下げてやってくるイヌを見て、飼い主に威厳を感じているとか、服従していてとてもいい、などと評価する人がいますが、それはつまり、相手のことをこわい存在と感じているということです。

確かに少し前までは、イヌと飼い主の関係は服従関係が望ましいなどと、みんなが信じていました。環境省主催の動物適正飼養講習会では、2008年まで警察犬の訓練士が講師をしていて、日本各地を回り、「イヌには服従本能があって、その本能を引きだすのが訓練であり、しつけである」とアナウンスしていました。

しかし、2009年からその講習会の講師は、私をはじめJAHA認定の家庭犬しつけインストラクターに変わり、「イヌと人間の関係は共生関係が望ましい」というアナウンスに変わっています。服従関係から共生関係へと、イヌと人間との望ましい関係はすでに大きく変わっているのです。

さて、頭を下げ、耳が下がり、口角が引かれ、シッポが下がり、鼻の上にしわを寄せ、腰を引き、動きを止めて、目つきが鋭い状態なら、手をだすと噛まれる危険があります。多くはうなりと犬歯を見せるという行動がともないますが、これはいわば「窮《きゅう》鼠《そ》猫を噛む」的な状況なのです。全身が小刻みに震えていることも少なくありません。

ところが同じく、頭を下げ、耳を下げ、口角を引き、シッポを下げていても、そのシッポは振られていて、腰までがくねくね動いて、目つきがやさしかったら、こちらはちょっとこわいけどすごくうれしい、といったフレンドリーな態度です。なんとなくすり寄ってくる感じがあって、口は開かれていたり、舌がペロペロでていたりもします。もちろんこうしたケースの場合は、手をだしても噛まれる心配はまずありません。

「オイデ」と呼んだときに、
頭を下げてやってきたら…
飼い主をこわい存在だと思っている
頭を下げるのは、
まず相手に不安やこわさを感じているとき
同じ頭を下げている状態でも…
シッポを振り、腰までくねくね動かし、
目つきがやさしかったら…
ちょっとこわいけど…
すごくうれしい！
鼻の上にしわを寄せ、腰を引き、
動きを止めて目つきが鋭いときは…
「窮鼠猫を噛む」的状態…
噛まれる危険大

3-05

お尻を上げる

うれしい楽しい　カーミングシグナル　興奮　不安

前項の冒頭で、「頭を下げるのは、まず相手に不安やこわさを感じているとき」とお話ししましたが、「まず」という言い方をしているのは、「次」があるからです。その次とは、「遊びたいとき」です。

しかも、この「遊びたいとき」のボディ・ランゲージには、「お尻が上がっている」ことがともないます。バッと頭を下げ、一瞬動きを止める。このときにほかの部位はというと、シッポは上がり、耳は立ち、目はきらきら、顔は早い話が笑顔の状態。口を軽く開いていることもあります。

これは、遊びを誘うおじぎの姿勢で、プレイング・バウと名づけられています。エネルギー度の高い犬は、このプレイング・バウを右に左に飛びながら見せます。私のパートナー犬のダップは、まさにこのタイプ。私はよく彼にこのボディ・ランゲージで遊びに誘われています。

もう1匹の鉄もときどきこのプレイング・バウを見せますが、鉄の場合は変形をときどき見せます。ゆっくりと頭を下げ「遊びを誘うポーズ」の姿勢になりますが、それが一瞬ではなく、その姿勢をキープするのです。

どんな状況で見せるかというと、最近の例では、初めて会ったイヌと遊ばせたとき。遊びたいけれど、どういう相手かわからないし……といった感じでした。そこには不安が明らかに見て取れました。

プレイング・バウは、カーミング・シグナルの1つとされます。鉄の行動は、相手に対して敵意がないことを伝えたい、みずからの不安を軽減したいという行動に違いなく、まさにカーミング・シグナルそのものといえるでしょう。

これは遊びを誘うおじぎの姿勢、
プレイング・バウ
活発なイヌは
左右に飛びながら…
遊びに誘う
初めて会ったイヌ相手だと、
そのままの姿勢をキープする
これも相手に対して敵意がないことを伝える、
カーミング・シグナルの1つ
………

3-06

伸びをする

ストレス　カーミングシグナル　その他

お尻を上げるポーズはもう1つあります。それが伸びです。私たちも、朝起きたときに伸びをします。長時間同じ姿勢でいると筋肉が萎縮します。伸びはその筋肉を伸ばすために行うわけです。

朝起きたとき以外にも、私たちは伸びをします。長時間イスに座っていたときなどです。ただし、このときの伸びは、長時間同じ姿勢で萎縮した筋肉を伸ばすためだけではありません。ストレスを軽減するという目的もあります。伸びには、ストレス軽減効果もあるということです。

さて、イヌの伸びはというと、お尻を上げひじを地面につけ、背中も反らせる感じで、ぐーっと力を入れる。そのあとで後ろ足を伸ばすこともあります。もちろん、起きぬけのときだけではなく、やはりストレスを感じているような状況下で見せます。

実はこの伸びのポーズ、途中の姿勢を切り取ると、プレイング・バウとほぼ同じです。頭を下げ、お尻を上げるポーズのカーミング・シグナルは、プレイング・バウからではなく、この伸びのポーズから発展しているのかもしれません。

ところで、このひじを地面につけお尻を上げる姿勢を、芸として教えている人も少なくありません。人間にしてみると、まさにおじぎの姿勢に見えるからです。

教え方はいたって簡単です。イヌの寝起きを待ち受けて、伸びをしたらフードをあげる。すると、そのうちあなたの顔を見ては伸びをするようになる。あ、やりそうだな、ということもわかってきますので、やりそうに感じたときに「こんにちは」などの合図で先行刺激をつけてやる。こんにちは（先行刺激）→伸び（行動）

→いいこと、という三項随伴性がここで成立しますので、やがて、イヌは「こんにちは」という合図に反応して、伸びの姿勢をするようになります。

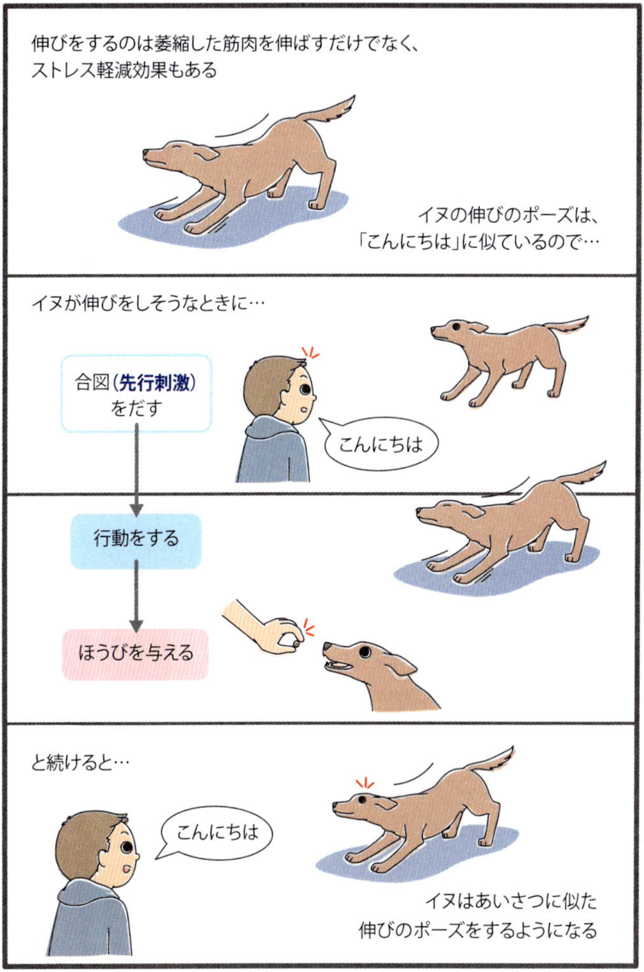
伸びをするのは萎縮した筋肉を伸ばすだけでなく、
ストレス軽減効果もある
イヌの伸びのポーズは、
「こんにちは」に似ているので…
イヌが伸びをしそうなときに…
合図(先行刺激)
をだす
こんにちは
行動をする
ほうびを与える
と続けると…
こんにちは
イヌはあいさつに似た
伸びのポーズをするようになる

3-07

あくびをする

ストレス　不安　カーミングシグナル

あくびはカーミング・シグナルの1つだとされています。

昔はトレーニング中に犬があくびをしようものなら、「たるんでいる」といって、リードをぎゅっと引き上げ、罰を与えたものです。いわば軍隊式。イヌは服従させる対象と考えられていたわけですから、当然のことでした。

しかし、イヌのトレーニングに学習心理学や行動分析学の考え方が導入されるに従い、罰を多用すると逃避行動や攻撃行動が高まったり、無気力になったりすることがわかりました。またカーミング・シグナルの理解も広がって、そもそもあくびはたるんでいるのではなく「ストレス」がかかっているから、と考えるようになりました。

いまでは、あくびはストレスサインで、ストレスは軽減すべきものというのが、科学的なトレーニング方法を取り入れているトレーナーやインストラクターの常識となっています。考えてみれば、私たちがあくびをするのも、眠たいときや退屈したときで、ある意味みんなストレスがかかっている状態といえます。

眠たければ眠ればいいし、退屈なら状況を変えればいい。でも、人間社会ではそうした自然に任せた行動はとれないので、がまんを強いられている。それがストレスになっているということです。

あくびのメカニズムは、脳への酸素供給量の不足が原因で、大きく息を吸い込むことで酸素を取り込もうとしているといわれています。酸素供給量が不足するのは、ストレスもその要因です。そのため、ストレスがかかるとあくびをして、酸素を取り込もうとするわけです。

ちなみにこのあくびは、人間もイヌも赤ちゃんのときからしています。当然、生得的な行動です。それをストレス反応としてだけではなく、相手が自分に集中しないように緩和できることを体験的に学習し、それがカーミング・シグナルになったのでしょう。

あくびは脳への酸素供給量不足が原因
酸素供給量の不足は、
ストレスも要因となる
イヌがあくびをするのは、
たるんでいると思われていたけれど、
たるんでる!
あくびはカーミング・シグナルの1つ、
たるんでいるわけではないのです

3-08

鼻からフンと息を吐く

ストレス

その他

ときとしてイヌは、鼻から「フン」といった感じで息を吐きだすことがあります。鼻で笑われる、まさにそんな感じ。人間同士でやられると、相手からバカにされたように感じて、怒りを覚えたりします。相手がイヌでも、なんとなく「ムッ」としてしまいます。

もちろん、イヌは相手を見下してやっているわけではありません。ではイヌが鼻から「フン」と息を吐く理由はなんでしょうか？

1つはクシャミと同じような理由で、鼻から鼻水を抜いているのです。「鼻をなめる」(56ページ)で説明しましたが、イヌの鼻水は鼻腔の分泌腺からでる分泌液および涙管から下りてきた涙です。ふだんは、余っている分がのどのほうにどんどんと下りていくわけですが、それがストレスなどで大幅に増えると、クシャミや鼻を頻繁になめるという反応や行動がでてきます。クシャミや鼻を頻繁になめるほどでもない場合は、鼻から「フン」と息をぬくしぐさをするということです。

この意味の「フン」をよくするかどうかは、どうも犬種や体質によるようです。うちのイヌたちはあまり見せません。キャバリアやフレンチブルドッグなどの短頭種に多いような感じがします。

もう1つは、においの情報をリセットしたいときです。これは、なにかのにおいを嗅いだあとにやります。興味があったのでにおいを嗅いでみたけれども、たいしたことない。もう十分なので、1回この情報は消しておこう、という感じ。においの情報は鼻水に吸着しますので、それを吐きだすのでしょう。日本酒の利き酒で、口をすすぐのと同じようなものだと考えられます。

以上のように、イヌが「フン」としても、決してあなたをバカにしていわけではありません、くれぐれも「ムッ」となさらないように。

イヌが「フン」と鼻から息を吐きだすのは…
この口紅、なに?!
鼻水に吸着したにおいの情報を吐きだし、情報をリセットしたいとき
フンッ!
フン!
ストレスで鼻腔内にたまった鼻水を抜いているとき
いま、鼻で笑ったな!?
………
けっして「鼻で笑っている」わけではありません
また笑った…
フン!

3-09

顔を背ける

ストレス　カーミングシグナル　不安

前項の「フン」というしぐさ（においの情報をリセットする）のあとに、それまでにおいを嗅いでいた対象から鼻の向きを変えることもあります。これをよく見せるのはトレーニング中で、報酬としてのフードのにおいを嗅いで「フン」、その後に顔を背けます。あるいは飼い主の帰宅時に、外でつけてきたにおいを嗅いで、見た目には飼い主のにおいを嗅いでいるように見えるわけですが、その後このしぐさをする。いずれも、そうでないとはわかっていても、本当に鼻で笑われたような気持ちになります。

もちろん、前者はストレスをイヌにかけすぎていたり、「目の前の食べ物を無視すると、いいことが起きる」という学習をさせているのが原因です。後者は、いつもとは違う飼い主のにおいを嗅ぎつくした、ということにすぎません。

さて、イヌはこの「フン」というのをともなわなくても、鼻先の方向を変える、すなわち顔を背けることがよくあります。というよりも、こちらのほうが圧倒的に目にする頻度は高いでしょう。これは、視線を外すという行為の延長線上にあるしぐさです。

視線を外すことは、「私はあなたを見てないでしょ。だからあなたも私に集中しないで」というカーミング・シグナルの1つでした。いい忘れていましたが、カーミング・シグナルはイヌだけがとる行動ではありません。種によって若干の差はありますが、多くのほ乳類は似たような行動をとります。もちろん人間もです。

街中でなんとなく危険を感じる人がいたら、ちらっと見て、あとは顔をそちらに向けないようにするでしょう。しかられている相手からも視線を外し、うつむき加減になります。すなわち、顔の向きを相手と正対しないように変えるわけです。イヌも人間も同じです。

　ところで、あなたのイヌはあなたからよく顔を背けないでしょうか？　背けるのであれば、理由はもうおわかりですね。

3-10

ストレス カーミングシグナル 不安

背中を向ける

視線を外して顔を背ける。さらにそれが高じると、次にどんな行動をとるでしょうか？　答えは、背中を相手に向けます。

強制的なトレーニング、すなわち力ずくで「オスワリ」などを教えられているイヌたちは、これをよく見せます。強制的なトレーニングの場合は、合図は号令、命令です。「オスワリ！」と厳しい口調で声がけをします。はたで見ていると「なにもそんなに厳しい口調で言わなくても……」と思うのですが、イヌを支配するという視点で書かれている過去の本には、号令は「威厳をもって」などとよくでていましたので、それを信じてやっているわけです。

動物は三項随伴性の先行刺激として合図を覚え、その合図を耳にすると行動をすぐ起こすようになります。たとえば、フードの袋を手にすると、隣の部屋にいたはずのイヌがやってきます。ここに、**フードの袋のガサガサ音→飼い主の近くに行く→ゴハンがもらえる**、という三項随伴性が成立しています。結果、イヌはこの先行刺激に反応してすぐに飼い主のもとへくるようになっているのです。先行刺激は鈴の音でもチャイムでもよく、そこに威厳などはまったく関係ありません。

逆に威厳を感じさせようとしてきつい口調で大声をだすと、イヌはストレスを感じます。するとイヌは視線を外し、顔を背けます。飼い主は命令を無視されたので、「オスワリ！」「オスワリ!!」「オスワリ!!!!」と、次第にしかりつけるような口調になってくる。最後は押さえつけて、座らせようとする。結果的には座るわけですが、そんなときです、イヌが飼い主に背中を向けるのは。

トレーニングをじょうずに進めるコツは、イヌにストレスをかけないことです。できないことは要求しない。できないときには、できるところまでトレーニングの段階を戻してあげる。これが大切なことなのです。

視線を外し…顔を背ける、がさらに高じると…背中を向ける
………
………
………
力ずくで「オスワリ」などを
教えると
オスワリ！
視線を外し、顔を背ける
さらに強制を続けると…
オスワリ！
オスワリ！
飼い主に背を向ける
………
トレーニングをじょうずに進めるには、
こういったストレスをかけないこと

3-11

キョロキョロする

ストレス　警戒　不安　恐怖

こんな研究報告があります。イヌと飼い主に30分間の触れ合いをしてもらう。触れ合いの前後に、飼い主の尿に含まれるオキシトシンの濃度を測定する。触れ合いの間、イヌが飼い主を注視する時間も計る。すると、事前のアンケートでイヌとの関係が「良好」と判断された飼い主は、触れ合い後のオキシトシン濃度が大きく上昇していた。オキシトシンの上昇は、イヌが飼い主を見つめる時間に比例することもわかったのです。

オキシトシンは“幸せホルモン”と呼ばれる体内物質で、私たちが幸福感を感じているときに増えます。この調査からいえるのは、飼い主といい関係にあるイヌは、飼い主をよく見るということ。そして、そうしたイヌと接している飼い主の体内にはオキシトシンが増えるということです。

一方、飼い主との関係がそれほどよくないイヌは、飼い主をあまり見ることがありません。飼い主よりも魅力的ななにかがあるのではないかと、常に周囲に注意を払っているものです。また、そうしたイヌたちは飼い主を信頼していないことも多く、飼い主は守ってくれない、危険はいち早く自分で見つけないといけないと、常に周囲に注意を払いがちなのです。

関係の改善を望むのなら、飼い主としての魅力をアップすることと、信頼関係を構築することです。そのためには、ストレスを与えずに好ましい行動をたくさん教えること、そしてしかることでイヌの行動を変えようとしないこと、この2つが重要です。

飼い主に注目できない要因には、社会化不足もあります。社会的な刺激への慣らしが不十分なわけですから、不安や恐怖、ストレスを感じやすく、キョロキョロと視線が定まらないのです。こちらは、社会的な刺激に慣らす社会化を進めることで、いい方向へと向かいます。

飼い主といい関係にあるイヌは飼い主をよく見る
見つめる時間も長い
“幸せホルモン”のオキシトシンも、
見つめる時間に比例して増える
飼い主を見ることがあまりないイヌは、
飼い主を信頼していなかったり
危険は自分で
早く見つけなきゃ!
社会的刺激に不安や恐怖を感じてキョロキョロする

3-12 体を振る

ストレス　カーミングシグナル　その他

スローモーション再生してみると、「え、そうなんだ！」と驚かされるイヌのしぐさがあります。

まずは、イヌが食器から水を飲む際の舌の動き。イメージとしては、私たちが手で水をすくうように、舌の中央にくぼみをつくり、それで水をすくっているように思えるのですが、スローモーション映像を見ると、舌を巻く方向がまったく逆です。舌先をあごの方向に巻き、水をすくい上げているのです。くぼみをつくっているわけではないので、かなりの水が口の中に収まる前にこぼれ落ちます。

さらに驚かされるのは、ブルブルと体を振るしぐさです。スローモーション映像で見ると、ブルブルのときは背中の皮が脇腹にくるくらいまで動いています。

このブルブル、全身が濡れるとイヌは水をはじき飛ばすためにやりますが、実はストレス時にもよく見せるのです。もうおわかりだと思いますが、ストレスによって生じた体の硬直を、あのブルブルでほぐしているのです。ストレスを軽減する行動でもあるので、カーミング・シグナルに分類されています。

よく見せるのは、イヌ同士の遊びの最中。これは興奮を静めようとしたり、緊張を解こうとしてブルブルします。遊びを小休止するときも、よく見せます。相手に「もういい加減にしませんか」ということが伝わるようです。トレーニングの最中に見せるのなら、「もういい加減にしてくれませんか」と飼い主に訴えているのでしょう。やらせすぎか、難易度が高くなって混乱している、ということです。

ほかにも、「え、そうなんだ！」と驚かされる、イヌのしぐさがあるかもしれません。スローモーション再生ができるデジカメなどが、いまや3万円前後で手に入ります。いろいろ撮ってみるとおもしろいかもしれません。

イヌが食器から水を飲む様子をスローモーション再生すると…
舌があご側に巻いていることに驚く
ブルブルと体を振るときには、
皮膚が大きく動いているのがわかる
この動きをトレーニングの最中に見せるのなら
カーミング・シグナル
ストレスから生じる体の硬直をほぐすためにする
ボールを
とってきて！
もういい加減にしてくれませんか…
…と訴えているのです

3-13

体をかく

ストレス　カーミングシグナル　その他

いまは画家と呼んだほうがふさわしい、ある芸人さんがいます。テレビに登場しているときの彼は、ひっきりなしに体をかいている印象がありました。あるとき、画家としての彼を追うドキュメント番組を見ていたら、芸人としてテレビに登場しているときほど、体をかくことはありませんでした。

私は、芸人としてテレビにでているときはストレス度が高いのだな、と思いました。おそらく、画家として過ごしているときは素の自分で、ストレスが少ないのでしょう。

ストレスがかかると、体がかゆくなります。程度の差はあれ、なにもその芸人さんだけではありません。困ったときに頭をかくのも同じなのでしょう。

ストレス時に体がかゆくなるメカニズムは、脳がストレスを感じると皮膚の神経の末端から神経ペプチドという物質が放出され、それがマスト細胞を刺激して、かゆみの原因になるヒスタミンを分泌させるからだといわれています。これはイヌも同じです。

すなわち、イヌが体をかいているときは、ストレスを感じているかもしれない、ということです。トレーニング中や飼い主が指示をだしたときに見せるのであれば、ほぼ間違いありません。それは、飼い主に「そんなにやらせないで！」「難しくて混乱しています」と訴えているのです。すなわちカーミング・シグナルを発しているということです。

イヌ同士で遊んでいるときに見せるのなら、それは、「私はあなたに集中していないですよ。ほらカキカキのほうが重要なの」とか、あるいは体をブルブルと振るのと同じように、「ちょっと落ち着こうよ」と相手に伝えようとしているのでしょう。こちらもカーミング・シグナルにほかならない、ということです。

3-14

前足を片足だけ上げる

ストレス　カーミングシグナル　不安　その他

見た目はほぼ同じでも、そのしぐさの意味が複数あることがあります。前足を片足だけ上げるというのも、その1つです。

まずはストレス反応。ストレスがかかって体が固まり、片足を上げた状態で硬直した、ということです。ストレス反応の多くは、カーミング・シグナルと重なります。この片足を上げて止まるのも、まさにそうです。相手に対して戦う意志がない、あるいは、みずからの緊張や興奮を静めようとしていることもあります。

物理的に片足を上げざるをえない場合もあります。たとえば、飼い主の左側に並ぶような位置で「スワレ・マテ」をさせると、飼い主を見上げるために、左足に大きく体重をかけるイヌがいます。その結果、上半身が左側に傾いて、自然と右足が浮いてしまうのです。

獲物を発見すると、一方の前足を上げて動きを止めるイヌもいます。ポインターなどの犬種は、そうした特性が高められています。獲物にかぎらず、なにかに集中すると片足を上げて動きを止めるイヌもいます。

ほかには、足場がこわい、地面が汚れている、地面が熱いなどといったときです。もちろん、こうした場合は、上げる足は前足にかぎりませんが、歩いていればどちらかの前足をそうした地面に後ろ足よりも先に降ろすわけで、結果的に前足を上げて止まることになります。

以上は、どれも前足を上げて、かつその足を止めるしぐさですが、上げた前足を動かしていることもあります。よくあるのは、「オテ」を教えられているので、「オテ」のポーズを一所懸命にとっているといった場合です。

それと、ネコパンチをするような感じで、よく前足をだすイヌもいます。実は私のパートナー犬の鉄が、このタイプです。うちにきたときから、こちらが手をだすと向こうも前足をだしていました。

今度前足を上げているイヌを見たら、以上のどのタイプなのかを分析してみるといいでしょう。

前足を片足だけ上げるのは…
ストレス反応で片足を
上げた状態で固まった…
物理的に片足を
上げざるをえない状態…
ポインターなどの犬種の特性…
足場がこわい…地面が熱い、
汚れている…
…などがある

ワン話休題

カーミング・シグナルをイヌが見せたら

ハウスからでてきた直後に体をブルブルと振るのなら、カーミング・シグナルではなく、たんなる起きぬけのブルブルでしょう。体をかくのも、湿疹や虫さされが原因かもしれません。そうであれば、それもカーミング・シグナルとはいえません。

カーミング・シグナルか否かを見分けるには、その前後の状況や環境の変化に注目することです。さらに自由な状況でのイヌを観察し、その行動の出現頻度を知ることも欠かせません。

トレーニングの最中に、自由にさせているときよりも明らかに多い頻度でブルブルしたのなら、カーミング・シグナルでしょう。

イヌになにか指示をだしたとき（要求したとき）に、ブルブル、カキカキするのなら、間違いなくカーミング・シグナルです。

では、トレーニング中にイヌがカーミング・シグナルをだしてきたら、どう対応すべきでしょうか？

カーミング・シグナルは、飼い主からストレスを感じているか、なにをしていいか混乱しているかのどちらかです。であれば、好ましい対応は以下の４つ。１つ目は報酬を同等かそれ以上の価値のものに変える。２つ目はトレーニングの難易度、要求のレベルを下げる。３つ目は少し動く、いわば気分転換をさせる。４つ目は、できることをやって報酬を与え、ひと眠りさせることです。

間違っても、その状況を変えないでトレーニングを続けたり、指示をだし続けないことです。なぜなら、その状況を変えなければストレスはさらに強くなり、イヌの混乱はさらに高まるからです。

第4章

行動を観察する

4-01

ストレス　不安　警戒

距離をとる　その①

あなたが電車に乗っているとします。席はガラガラで、あなたが座っている列にはあなた以外は座っていません。停車駅で1人が乗り込んできました。その人が座ったのは、なんとあなたの隣です。さて、あなたはどのような心理状態になるでしょうか？　また、どういった行動をとりますか？

見知らぬ人であったら、強いストレスを感じるはずです。そして、あなたは違う席に移動するでしょう。

相手との間でストレスを感じる距離、その距離をパーソナル・ディスタンス、その内側をパーソナル・エリアあるいはストレス・ゾーンといいます。そうした距離を、人間のみならず動物はみんなもっています。そして、そのゾーン内に他者が入ってきたら、自分から動いてそのゾーン内に他者のいない状況をつくるか、相手をそのゾーンから追いだして、そのゾーンを守ろうとします。

もちろん、ストレスを感じるか感じないかは、相手や状況によって変わります。同じ状況で、隣に座った相手が仲のよい知り合いだったら、別になにもストレスを感じないでしょう。また、その状況が混んでいる時間帯で、席がほとんど空いていなかったら、これもそれほどのストレスは感じないでしょう。

イヌであればこんな感じです。

現在の2匹のパートナー犬のうち、先住犬はダップです。そこに鉄が加わりました。鉄は遊びたいのもあるのでしょう、ダップのそばに寄りたがります。遊びの中でなら体の密着を許しますが、くつろいでいるときには、当初決してダップは鉄を寄せつけませんでした。相手をパーソナル・エリア外に置こうとするわけです。

鉄との距離は、鉄との生活が長くなるほど縮まっていきました。鉄のほうもそうした距離感をつかんでいったのだと思います。いまでは、お互いにストレスを感じない距離を、状況に応じてうまくとっていけるようになっています。

空いているのに、見知らぬ人が
自分のすぐ隣に座ったらストレスを感じる
パーソナル・エリア
（ストレス・ゾーン）
パーソナル・ディスタンス
それは、相手が自分の
ストレス・ゾーンに
入ってきたから
遊んで！
オッケー！
ストレスを感じるか感じないかは、
そばに行ってもいい？
ダメ!!
相手や状況次第

4-02

ストレス　不安　警戒

距離をとる　その②

これは2006年に亡くなったパートナー犬、プーのお話です。

プーは推定生後30日齢でほかの2匹のイヌとともに動物病院に保護され、60日齢に私がもらい受けました。イヌは、歯が生え始め離乳が始まる生後3週齢ころから離乳が終わる生後7～8週齢までの時期を初期の社会化期と呼び、親兄弟の中でイヌ同士のコミュニケーションの基礎を学ぶといわれています。

その大切な時期に親がそばにいない状況で、しかもほかの2匹も1匹はすぐに亡くなっていました。そうした影響か、プーはイヌ同士のコミュニケーションの基礎が学べていないようでした。

ほかのイヌが嫌いなわけではないのに、どう接したらよいかがわからない……、プーはそんな感じでした。遊んでくれるイヌもいるけど、ガゥッといわれてしまう相手もいる。そんななか、私の不注意でシェパードに襲われる体験をさせてしまい、それまでプーからは攻撃性を見せることはなかったのですが、その事件以来、自分から攻撃性を見せるようになってしまいました。

そんなプーでしたが、ドッグランのような広いところで放すと、ほかのイヌとうまく距離をとっているのです。相手が近づいてくると離れ、一定の距離をキープしていました。その一定の距離こそ、まさにプーのパーソナル・エリア。他者が入ろうとすると、みずからが動き、そのパーソナル・エリアに他者が入ってこないようにしていました。

動物行動学には、逃走距離と闘争距離（臨界距離）という定義があります。個体を中心に、そのまわりを闘争距離が囲い、さらにその外側に逃走距離が位置します。なじみのない相手が近づき、逃走距離よりも近くにきたら逃げる、さらに近くにきて闘争距離内に入ってきた場合は、相手と闘う。パーソナル・エリアは、いわばこの逃走距離と同じような考え方だと理解するといいでしょう。

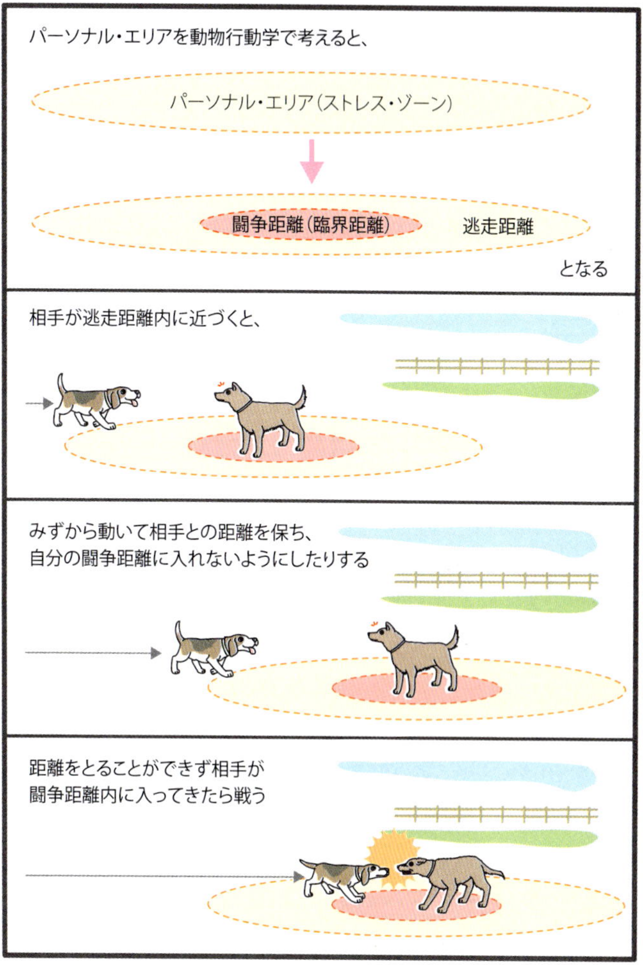
パーソナル・エリアを動物行動学で考えると、
パーソナル・エリア（ストレス・ゾーン）
闘争距離（臨界距離）
逃走距離
となる
相手が逃走距離内に近づくと、
みずから動いて相手との距離を保ち、
自分の闘争距離に入れないようにしたりする
距離をとることができず相手が
闘争距離内に入ってきたら戦う

4-03 止まる

パーソナル・エリアに相手が近づいてきたときは、みずから動いて距離をとります。相手がコミュニケーション能力に長けていて、すなわちカーミング・シグナルがうまいと、じょうずにプーのストレスを軽減しながら近づいてきて、じょうずに挨拶してくれます。

ところが、プーが距離をとっているにもかかわらず、その距離を遠慮もせずにずかずかと縮めてくる相手もまれにいます。そうした相手には、プーはケダモノのように豹変し、吠え立てました。

あるとき、いつものドッグランに行って、プーを自由にさせていたときです。1匹のビーグルが入ってきました。いつも私は、ほかのイヌとの距離がとりやすいように、プーを入り口からなるべく離れたところに位置するようにしていました。おそらく、プーがいた位置から入り口までは80メートルほどあったと思います。ビーグルは入り口付近で放されると、プーのところへダッシュしてきました。

「あ、やばい。あのスピードだと、プーはうまく距離をとれずに、おそらく攻撃性を見せる」。私は覚悟しました。プーもビーグルの存在に気がついていて、身を乗りだすような姿勢になり、硬直も見て取れました。明らかな臨戦態勢です。

ところが、トラブルは起こらなかったのです。そのビーグルはプーから10メートルぐらいのところでピタッと止まったのです。止まる、動きを止める、これもカーミング・シグナルです。

この「止まる」は硬直とは違います。硬直は生理的な反応として見られるわけですが、「止まる」は意図的。こうしたときの「止まる」は、シッポは下がっておらず、微妙に揺れていたりします。

ビーグルは見事なカーミング・シグナルを、プーのパーソナル・エリアギリギリのところで発した、ということなのです。

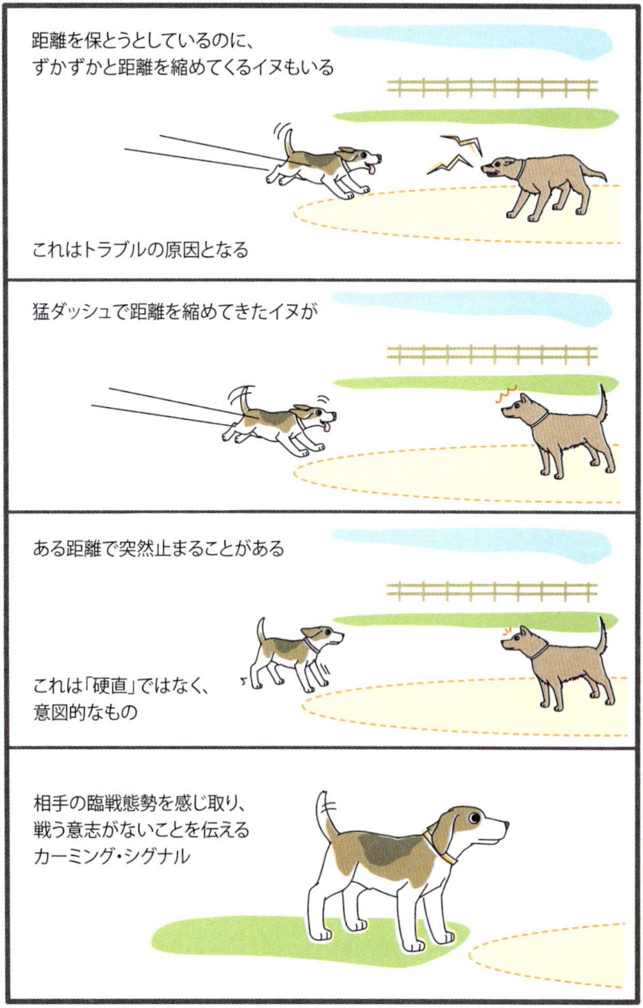
距離を保とうとしているのに、
ずかずかと距離を縮めてくるイヌもいる
これはトラブルの原因となる
猛ダッシュで距離を縮めてきたイヌが
ある距離で突然止まることがある
これは「硬直」ではなく、
意図的なもの
相手の臨戦態勢を感じ取り、
戦う意志がないことを伝える
カーミング・シグナル

4-04

地面のにおい嗅ぎ

ストレス

カーミングシグナル

プーとビーグルの話をさらに続けましょう。

そのビーグルは、一直線にプーに向かってきました。それは、プーに興味があることを意味しています。イヌは相手と自分の力関係がわかっているほうが、ケンカなどのトラブルを起こすリスクを軽減できます。そうした理由から、相手が何者か、どんなやつなのか、いろいろ譲ったほうがいい相手なのか、といったことを確認したいのです。

そこで、ビーグルが次にとった行為はというと、地面のにおい嗅ぎです。止まったその周辺の地面のにおいを嗅ぎ始めたのです。「地面のにおい嗅ぎ」も、カーミング・シグナルに分類されています。ビーグルの気持ちを代弁すれば、「私はあなたに集中してないよ。だっていまはにおい嗅ぎのほうが重要なんだもん」といったところでしょう。そしてゆっくりと地面のにおい嗅ぎをしながら、プーのそばに近づいてくるのです。

パーソナル・エリアは状況に応じて変わります。そうしたビーグルの行動は、プーのパーソナル・エリアを小さくしていったのでしょう。5メートルほどまで近づいてきたときです。なんとプーも地面のにおい嗅ぎを始めたのです。お互いがにおい嗅ぎをしながら、少しずつ近づいていったのです。

やがて、お互いのお尻のにおいを嗅ぎ合い、おそらくプーが何者かを確認したのでしょう。ビーグルはスーッと離れて行ってしまいました。さまざまなイヌ同士のファーストコンタクトを見てきましたが、このビーグルのカーミング・シグナルの使い方は、実に見事なものでした。

ところで、あなたのイヌがトレーニング中に、急に地面のにおい嗅ぎをし始めたことはありませんか？　もしあれば、イヌはあなたにカーミング・シグナルを発しているということです。間違っても、リードを引き上げるなどなさらないようにしてください。

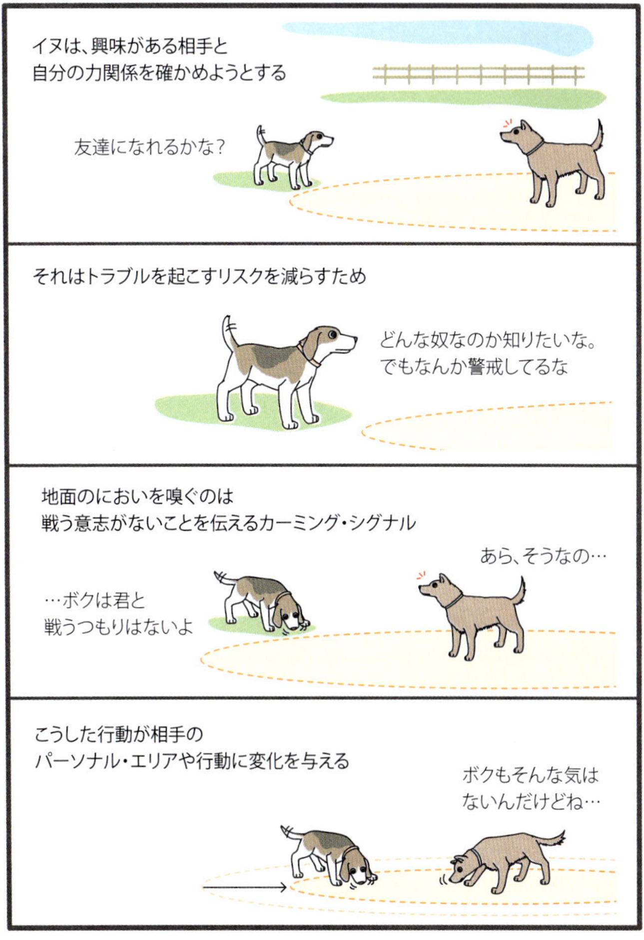
イヌは、興味がある相手と
自分の力関係を確かめようとする
友達になれるかな？
それはトラブルを起こすリスクを減らすため
どんな奴なのか知りたいな。
でもなんか警戒してるな
地面のにおいを嗅ぐのは
戦う意志がないことを伝えるカーミング・シグナル
…ボクは君と
戦うつもりはないよ
あら、そうなの…
こうした行動が相手の
パーソナル・エリアや行動に変化を与える
ボクもそんな気は
ないんだけどね…

4-05

カーミング
シグナル

弧を描いて近づく

ビーグルとプーのファーストコンタクトは、ビーグルがダッシュしてきて止まって、地面のにおい嗅ぎをして……という流れでしたが、一般的には、お互いがなんとなく近づいてきます。

もっともその近づき方は、直線的なものではありません。お互いに弧を描くように近づくのです。弓なりの軌道を描いているといったほうがわかりやすいでしょうか？　この行動もカーミング・シグナルだといわれています。

この行動は、相手に対して戦う意志がないことを伝えるのに役立ちます。すなわち、相手が自分に向けている集中を軽減する効果があるということです。

では、なぜ弓なりに近づく（弧を描いて近づく）ことが、そうした効果をもたらすのでしょう？

イヌたちが万が一、噛まれると一大事になる場所は、首筋とお腹です。首筋には頸動脈《けいどうみゃく》があり、そこを噛み切られてしまえば、ほぼ即死です。お腹に関しては、犬歯が食い込んでも即死ということはありませんが、腹膜炎などになって確実に死んでしまいます。それで、その2カ所は守りたいのです。

真っすぐ相手に近づくことは、近づかれるほうの視界に、顔、頭、胸、前足しか入りません。この守りたい部分を相手にさらさずに近づくこととなります。

逆に、弓なりに近づく、弧を描いて近づくことは、相手に対して守りたい首筋や脇腹をあえてさらして近づくことにほかなりません。相手に対して、「ほら急所をあなたに見せているでしょ」「攻撃するつもりがないのはわかるでしょ」と伝えることができます。ゆえにカーミング・シグナルになりえる。そういうことなのです。

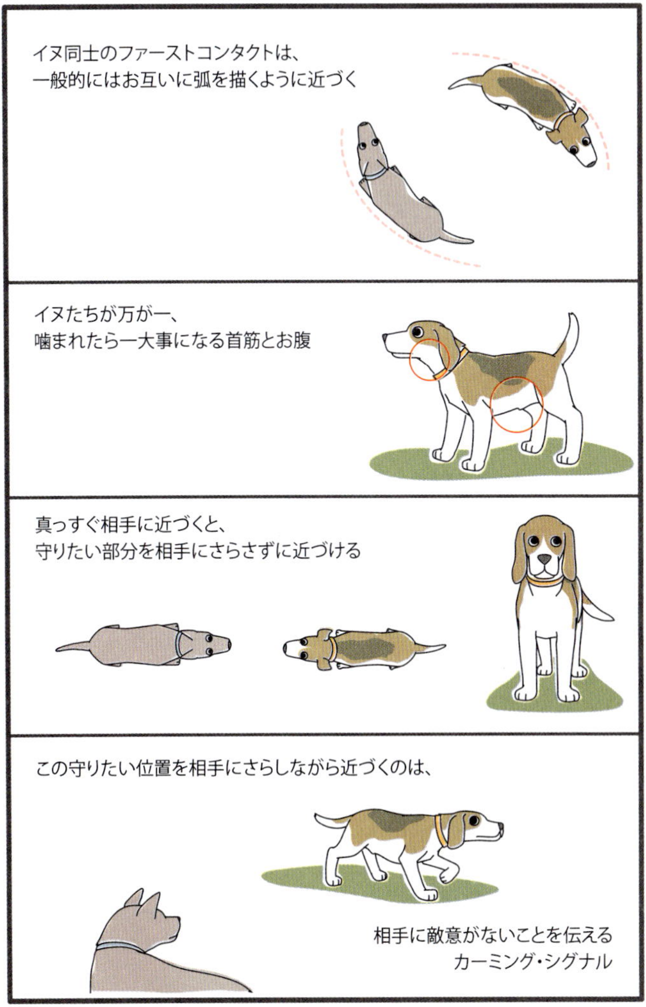
イヌ同士のファーストコンタクトは、
一般的にはお互いに弧を描くように近づく
イヌたちが万が一、
噛まれたら一大事になる首筋とお腹
真っすぐ相手に近づくと、
守りたい部分を相手にさらさずに近づける
この守りたい位置を相手にさらしながら近づくのは、
相手に敵意がないことを伝える
カーミング・シグナル

ワン話休題

人が使える、伝わるイヌ語

カーミング・シグナルの中には、私たちが見せるとイヌに伝わるものもあります。視線をそらす、顔を背ける、背中を向ける、弧を描いて近づく、ゆっくり動く、このあたりはみんな使えます。イヌに対して、「ほら、あなたに集中していないでしょ、だから緊張しなくていいのよ」といったメッセージを伝えることができるのです。初めてのイヌと仲よくなりたいのであれば、活用するといいでしょう。

カーミング・シグナルには、その真逆の行動が挑戦的な態度になるものがあります。視線をそらすなど、上で取りあげたものはすべてそれ。目を見て、正面から、すばやく、真っすぐ近づけば、どんなことが起きるでしょうか？　「あー、かわいい！」などと大声をだしながらこの行動をとった結果、顔を噛まれるという現場を目撃したことがあります。

座る、まばたき、あくび、唇をなめるなども、私たちができて、しかもイヌに伝わるしぐさです。あなたに対して少し警戒しているイヌなどには、少し離れた位置でハスに座ってあげて、まばたき、あくびを見せてあげることです。しばらくそのしぐさを続けていると、イヌのほうからあなたのにおいを嗅ぎに近づいてくるはずです。

地面のにおい嗅ぎは、やろうと思えばできなくはないかもしれませんが、座って地面をいじるといったしぐさが、その代替行為になるようです。

カーミング・シグナル以外にも、イヌに伝わるしぐさや態度はあります。「しかるときは目を見て」などといわれていますが、イヌとの関係を悪くしたくないなら、やるべきではありません。伝わるのは「なんかいやな状況、飼い主がこわい存在になった」ということだけです。なぜその状況になったのか、どうするのが望ましい行動なのかは、一切イヌに伝えることはできません。

イヌによっては、こうした人間の挑戦的な態度に対して、受けて立つものもいます。

低い声でうなるというのも、イヌに伝わるようです。ただ、これも「なんかいやな状況、飼い主が威嚇している」ということが伝わるにすぎません。それがなにをしたからか、どうすればいいのかを伝えることは難しいのです。せいぜい、いま起きている行動をストップさせる効果しかないと理解すべきでしょう。

そして、うまく伝わらない場合は、攻撃をしかけられるリスクがあることも忘れないことです。

結論からいえば、私たちが積極的に使うべき“イヌ語”は、イヌのストレスを軽減できるカーミング・シグナルで、逆に威嚇や挑戦的な態度を示すイヌ語は極力使わないようにする、それがイヌとの好ましい関係をつくるための注意点といえるのです。

イヌのカーミング・シグナルは、
人間が見せるとイヌに伝わるものもある

……
目をそらす、
顔を背ける、
背中を向ける、
弧を描いて近づく
ゆっくり動く…など

人間がカーミング・シグナルの逆を見せれば、
イヌには威嚇や挑戦的な態度ととられる

!!!!!
視線を合わせる、
顔を向ける、
正面を向く、
真っすぐ近づく
急に動く…など

4-06

不安　その他　確認

お尻のにおいを嗅ぐ

肛門にある肛門腺からの分泌物のにおいは、1匹1匹異なり、そのイヌの強さや気質などの個体情報がわかるといわれています。

イヌ同士がお尻のにおいを嗅ぐのは、そのにおいを嗅いで相手が何者か、どんなやつかをお互いが確かめるためです。

コミュニケーションがじょうずなイヌ同士の場合は、お尻のにおいをお互いに嗅いだあと、どちらかが相手に下半身から口にかけて体のにおいを嗅がせます。

私の見ているかぎりでは、嗅がせるほうは肉体的にも精神的にも大人で、強いイヌの場合が多いように思います。嗅がせているほうのシッポは高く上げられています。ただ、その逆、弱いイヌが嗅がせることもあります。

前者の強いイヌが相手ににおいを嗅がせているときは、頭をしっかりと上げ、シッポは立ち、小刻みに振られています。耳も立たせています。においを嗅ぐほうは、最終的には口のまわりのにおいを嗅ぎ、相手の口をなめることもあります。

逆に、後者の弱いイヌが相手に嗅がせている場合は、硬直が見て取れます。シッポは下がり、耳もたたまれます。

いずれにしても、こうして相手が何者かを確認したあとは、「おい、遊ぼうぜ！」となるか「つまらなそうなやつだから行くよ」となるか、そのどちらかに分かれます。

前項のビーグルが、プーのにおいを嗅いでサッサとどこかに行ったのは、「弱そうでつまらなそうな、取るに足らないやつ」と判断したのでしょう。

ただし、ここで紹介したのは、社会化ができているイヌのスタンダードな挨拶の仕方で、このとおりの挨拶ができないイヌは少なくありません。こわさが先に立ち、シッポを巻き込んで、お尻のにおいを嗅がせません。そもそも相手を近づけないイヌもいます。そうしたイヌは、無理に挨拶をさせようとしてはいけません。トラブルのもとになりますから。

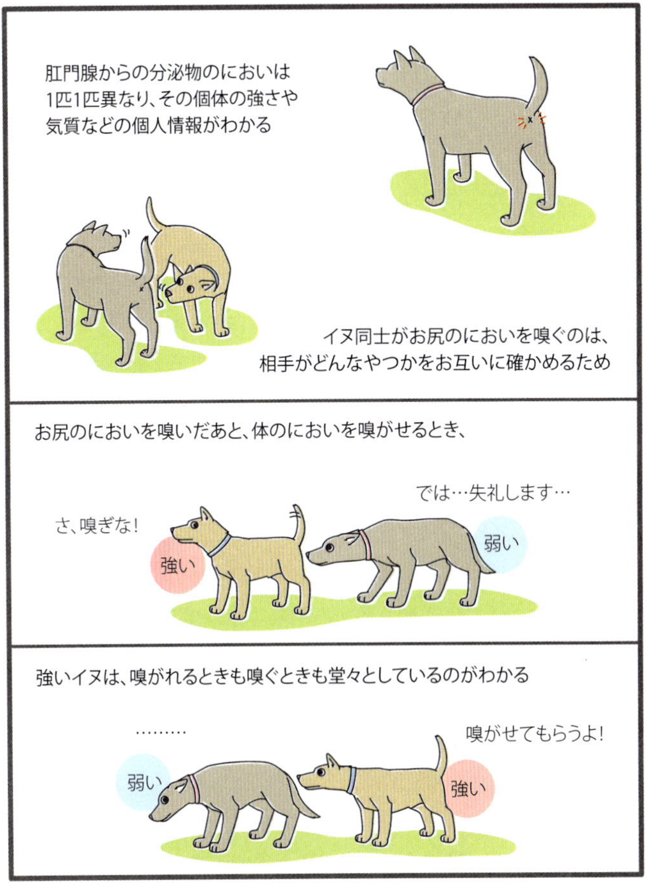
肛門腺からの分泌物のにおいは
1匹1匹異なり、その個体の強さや
気質などの個人情報がわかる
イヌ同士がお尻のにおいを嗅ぐのは、
相手がどんなやつかをお互いに確かめるため
お尻のにおいを嗅いだあと、体のにおいを嗅がせるとき、
さ、嗅ぎな！
強い
では…失礼します…
弱い
強いイヌは、嗅がれるときも嗅ぐときも堂々としているのがわかる
………
弱い
嗅がせてもらうよ！
強い

4-07

ゆっくり動く

不安　リラックス　カーミング シグナル　その他

急になにかが動く、または動いていたなにかが急にその速度を上げる。イヌたちにかぎらず動物の多くは、そうした状況に遭遇すると緊張します。私たちもビクッとしたりするものです。

なぜなら、その動きは自分を襲うためかもしれないからです。速度的に逃げる間もなく、闘争距離内に相手が入り込んでくるかもしれない、と感じる。これに大きな音などがともなえば、その緊張度はさらに高まります。

多くのイヌたちは、幼いころから身近にあれば別ですが、リモコンカーやスケートボード、さらに子どもたちをこわがります。いずれも大きな音を発しながら、急な動きを見せるからです。

幼いころから身近にあっても、トリッキーな動きを見せ、大きな音がする掃除機などは、いつまでもこわがるイヌもいます。

実は、相手が緊張する行為と真逆な行動が、カーミング・シグナルとして分類されていることが少なくありません。相手から視線を外さないのは緊張を強いることですが、相手から視線を外すのはカーミング・シグナルとなります。相手と向き合うのは緊張を強いることですが、顔を背ける、背中を相手に向けることは、カーミング・シグナルとなります。相手に真っすぐ近づくのは緊張を強いますが、弧を描いて近づくことはカーミング・シグナルとなります。

ゆっくり動くのも同じです。大きな音をだしてすばやく動くことは緊張を強いますが、ゆっくり動くことはカーミング・シグナルとなるのです。

私たちがイヌの緊張をやわらげる行為として、深呼吸するのもそうです。逆の行為は息を止めることです。相手が息を止めるのは、襲ってくるかもしれないときですから、イヌは緊張してしまうわけです。

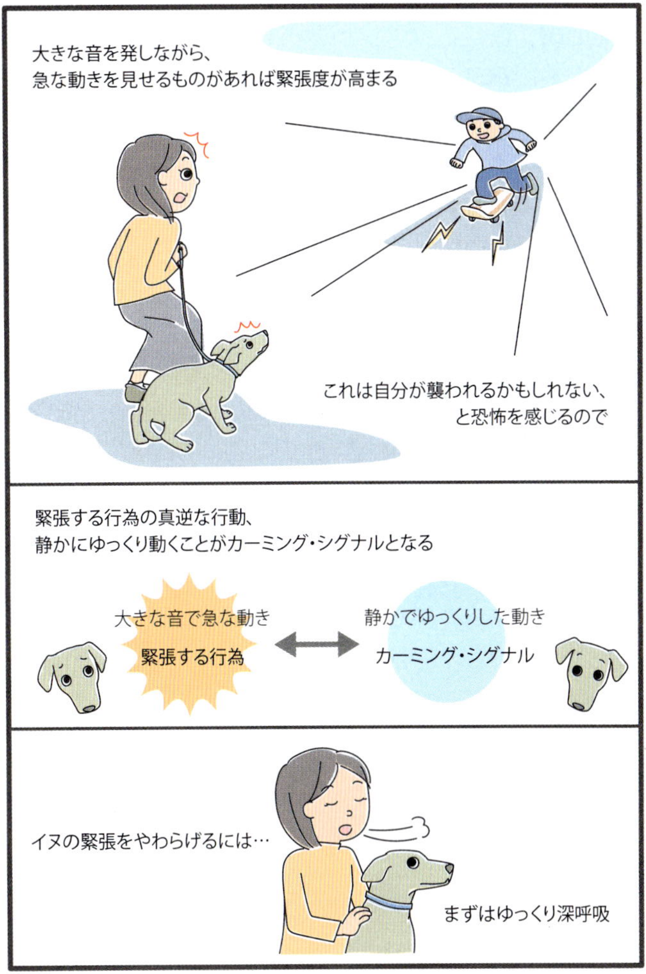
大きな音を発しながら、
急な動きを見せるものがあれば緊張度が高まる
これは自分が襲われるかもしれない、
と恐怖を感じるので
緊張する行為の真逆な行動、
静かにゆっくり動くことがカーミング・シグナルとなる
大きな音で急な動き
緊張する行為
静かでゆっくりした動き
カーミング・シグナル
イヌの緊張をやわらげるには…
まずはゆっくり深呼吸

4-08

座る、伏せる

ストレス　カーミングシグナル　不安　リラックス

座ることも伏せることも、状況によってはカーミング・シグナルとなります。

相手へ攻撃をしかけるのであれば、4つ足で立っているのが効率的です。座ることや伏せることは、攻撃を考えると4つ足で立っているよりも、ワンアクション、ツーアクション、動きを多く必要とします。そういった意味で、座ることや伏せるのは、攻撃するつもりがないことを相手に伝える効果があるのです。

真逆の見方もできます。座ることや伏せることは、4つ足で立っているよりも逃げにくいポーズです。あえて急所をさらすことが、カーミング・シグナルになることもあるとお話ししました。であれば、あえて逃げにくいポーズをとることも、カーミング・シグナルになりえるということです。

私が何度も目にしている状況は、イヌ同士がノーリードで遊んでいるときです。3頭ぐらいで追いかけっこをして興奮が高まってくると、1匹がぴたっと伏せたりします。すると、遊びが中断するのです。少し休んで遊びが再開する場合もあるし、そのまま終わってしまう場合もあります。これは、「ちょっとみんな、いったん落ち着こうよ」と訴えているかのようです。

イヌ同士のファーストコンタクトのときなどでも、よく見ます。特に複数のイヌが遊んでいるときに、なじみのないイヌが1匹入ってきたときです。これはパートナー犬の鉄がよく見せます。場の磁場のようなものが急に変わるので、混乱するのでしょう。みずからの混乱を収めるために座る、そんなことのようです。

カーミング・シグナルとしての座る、伏せるは、レッスンでもときどき目にします。座る場合はたいてい飼い主に背中を向けるといった行動がともなっています。トレーニングによるストレスがかかりすぎているのです。

攻撃するにせよ、逃げるにせよ、
4つ足で立っているほうが効率的
座ることも、伏せることも、場合によってはカーミング・シグナルになるのは…
攻撃しにくい
逃げにくい
次の行動にでにくいポーズをとることで、
攻撃するつもりがないことを伝える効果があるから
追いかけっこをして興奮が高まっているときに、
ぴたっと伏せたりするのは
ちょっとみんな
いったん落ち着こうよ
…と訴えているのです

4-09

お腹を見せる

不安　カーミングシグナル　恐怖　リラックス

イヌをしかりつけたときに、お腹を見せるポーズをすることがあります。多くの本には「服従の姿勢」と書かれていたりしますが、勘違いをしてはいけません。

行動学では、確かに「服従的姿勢」と定義されていますが、この服従の意味することは、私たちがイメージする服従とは違います。

学問的な定義として用いられている言葉と、日常的に使われる言葉が、同じだけれども意味が違うことがあります。たとえば「仕事」。一般的に仕事とは、職業や働くことを意味します。しかし、力学の世界では「物体が外力の作用で移動したときの、移動方向への力の成分と移動距離との積」と定義づけられています。「服従」も、一般的にはみずからの意志とは無関係に相手の要求に従うことをイメージしますが、イヌがお腹を見せたからといって、以後あなたのいうことに無条件で従うわけではありません。

では、どういった意味でイヌはお腹を見せるのでしょうか？　すでにお話ししたように、本来守るべき場所をさらすことで、戦う意志のないことが相手に伝えられます。「だからあなたも私を攻撃しないで！」と訴えているわけです。そうした意味では、「お腹を見せる」のもカーミング・シグナルといえるでしょう。

さらに、この姿勢を見せられると飼い主は「反省している」と勘違いして、怒りを静めます。結果的にいやなことがなくなる行動の頻度は高まるわけですから、イヌは飼い主の様子から、よからぬことが自分に生じそうになると、すぐにお腹を見せるようになるのです。

「お腹を見せて私に服従するのに、私のいうことを聞かない」といった訴えもよく耳にします。ところが、その「お腹を見せる」のは、話の流れからすると「お腹をなでて！」という要求です。この要求に応えてお腹をなでたらどうなるでしょうか？　服従しているのはイヌ、それとも飼い主でしょうか？

飼い主が怒っているときに、イヌがお腹を見せると…
!!
飼い主は、イヌが反省していると思い、怒りを静める
反省してるのね
ごめんなさい
飼い主の思い込み
戦う意志はありません…
攻撃しないでください
こっちが本音
飼い主の怒りに対して、
カーミング・シグナルをだしているだけ
結果、いやなことが起きそうなときに、
お腹をだしたら
(…したら)
飼い主の怒りが
(いやなことが)
なくなった
(…なくなった)
頻度が
高まる
で、お腹を見せるようになる

4-10

ストレス　うれしい楽しい　その他

地面を掘る

地面を掘る行動の理由について、「その昔、イヌは掘った穴の中に獲物を隠し、時期を見て掘りだしていた。その名残」という説を真っ先に挙げる人もいますが、私はその説には疑問を感じます。確かに、生き残りに有利な適応的な行動に思えなくもないのですが、嗅覚のすぐれた彼らですから、隠してもほかの誰かに見つけられて奪われてしまうのは明らかです。それでは、決して適応的とはなりえません。

いちばんの理由は、寝床づくりでしょう。外飼いのイヌであれば、夏は土を冷たい部分まで掘り起こし、そこで休む。逆に極寒の地であれば、雪洞を掘ってそこで丸くなります。

室内のイヌは、毛布などを与えれば、なんとなく居心地のいいように前足で形を整えようとします。ベッドやマットはいくら掘っても形は変わらないのですが、同じような行動をするわけです。

地中のなにかを掘り起こす行為の名残、ということもあります。昔、ネコが捕まえてきたネズミを庭に埋めたら、私のパートナー犬のダップが掘り起こしてしまい、閉口したものです。古い牛乳を花壇に廃棄したら、これまたダップが掘り起こすので、それ以来、牛乳は庭に廃棄しないよう妻にお願いしたこともあります。

ほかには、クレート（キャリーバッグ）の入り口付近を掘っているケース。これは逃走を試みて、トンネル掘りをしているということです。

畳を掘るイヌもいます。なにかをきっかけに試しに掘ってみたら、中味がどんどんでてきて楽しかった、ということでしょう。こうしたタイプのイヌは、退屈しのぎ、ストレス解消でやっていることがほとんどです。畳の部屋に行かせないようにする一方で、運動量を増やすなど、ストレスを発散させるなにかを行うことです。

花壇を掘り起こされて困る、と相談を受けることもあります。花壇に入れないように柵をする一方で、掘っていい場所を与えて、退屈しのぎやストレス解消はそちらでやらせるようにする。こうすることで、問題は解決へと向かいます。

イヌが地面を掘るいちばんの理由は、寝床づくり
室内のイヌは、
なんとなく居心地がいいように
寝床を整えようとする
ほかには…
地中のなにかを掘り起こす行為の名残や
逃走を試みてのトンネル掘り、など
畳を掘ったりするのは、
退屈しのぎやストレス発散

4-11

その他

寝ているときにピクつく

よく飼い主さんたちから、「イヌも夢を見るのでしょうか？」と尋ねられます。答えはイエスです。

睡眠には、**レム睡眠**と**ノンレム睡眠**とがあり、その2つを繰り返しています。レム睡眠とはRapidly Eye Movementの頭文字をとった略です。寝ていても眼球は動いています。眠りとしては浅い眠りです。一方のノンレム睡眠は深い眠りで、眼球の動きもなくなります。

夢を見るのはレム睡眠のとき。レム睡眠時は、体がピクついたりします。電車の中で寝ている人を観察していると、ときどきピクついているのがわかります。私も学生時代、授業中に自分のピクつきに驚いて、目を覚ましたことが何度もありました。

イヌも同じです。寝ているときにピクついているのを見たことはありませんか？　もし見たことがあるのなら、そのとききっとイヌは夢を見ています。

ピクつきは、夢の中での出来事と関係しているのでしょう。なかにはピクつきが実際の動きのようになるイヌもいます。インターネットにアップされている映像の中には、横たわって寝ているイヌのピクつきが走っているような動きになり、突然起きてそのまま壁に激突するなんていう極めつきもあります（興味のある方は、http://www.break.com/index/sleeping-dog-runs-into-wall.htmlにアクセス。映像を見ることができます）。

レム睡眠とノンレム睡眠は交互にやってきます。人間の場合は90分周期で、ひと晩で4～5回のレム睡眠が訪れます。イヌの場合は一説では20分周期。しかもイヌの1日の睡眠時間のトータルは、人間の約倍です。14時間寝ているとすれば、単純計算すると42回のレム睡眠を体験していることになります。

レム睡眠が多いということは、私たちよりもたくさん夢を見ているのでしょうね、きっと。

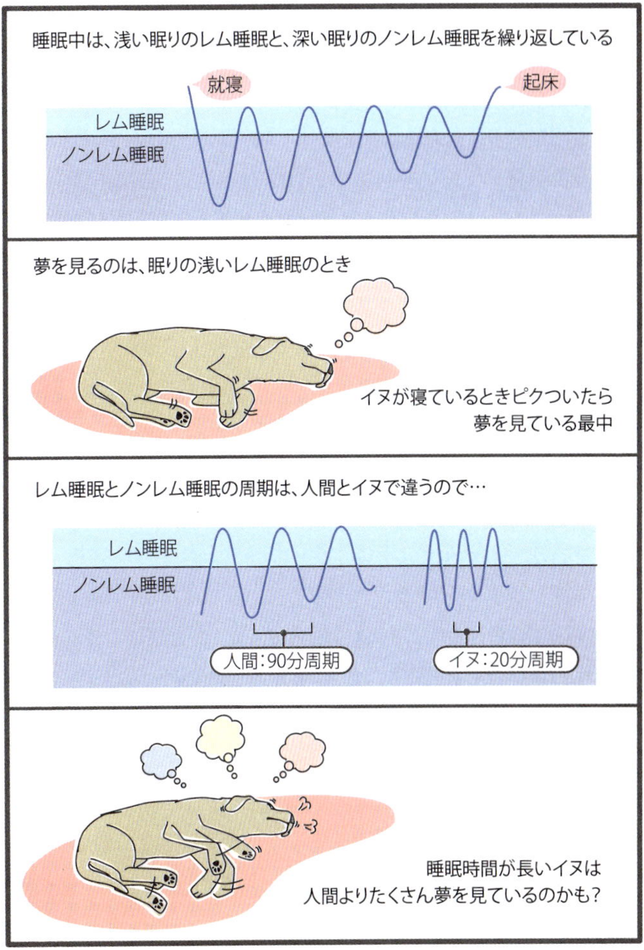
睡眠中は、浅い眠りのレム睡眠と、深い眠りのノンレム睡眠を繰り返している
就寝
起床
レム睡眠
ノンレム睡眠
夢を見るのは、眠りの浅いレム睡眠のとき
イヌが寝ているときピクついたら
夢を見ている最中
レム睡眠とノンレム睡眠の周期は、人間とイヌで違うので…
レム睡眠
ノンレム睡眠
人間：90分周期
イヌ：20分周期
睡眠時間が長いイヌは
人間よりたくさん夢を見ているのかも？

4-12

飼い主の顔をなめる

うれしい楽しい　要求　不安　その他

イヌが飼い主の顔をなめるのは、その先祖たちが離乳期に親イヌの口をなめることによって離乳食にありつけたことの名残だといわれています。

離乳食は親イヌが食べ物を胃の中に入れて半分消化し、それを吐きだして子イヌたちに与えます。親イヌは獲物を捕まえると、その獲物を食べて胃の中に入れ、寝床（＝巣）に戻ってきます。そこで、すぐに食べ物を吐きだすわけではありません。そこで出すと寝床（＝巣）が汚れてしまいます。寝床（＝巣）が汚れてにおってくれば、捕食者たちに寝床（＝巣）のありかを教えることにもなります。

そこで、寝床（＝巣）に戻った親イヌは、子イヌたちを引き連れて寝床（＝巣）から離れます。そのとき、子イヌたちは親イヌの口元をペロペロなめます。このペロペロなめる行為が、親イヌの半分消化した食べ物の「吐き戻し行為」のスイッチを入れる。このように考えられています。

その名残で、子イヌたちは人間の口もなめたがるのです。そして、人間はなにかを吐きだすわけではありませんが、なめてみるとおいしい味がしたり、あるいは「カワイイ」と大騒ぎしてくれる。口のまわりをなめた結果、いいことが起きたわけですから、その行動の頻度は高まり、習慣化していくということです。

いやなことをなくすために、口のまわりをなめることもあります。これは、親イヌの口をなめる行動が変化してきたのでしょう。自分を小さい存在、弱い存在と伝える効果があるようです。

イヌ同士の場合、「小さい存在、弱い存在だから、戦いなんて挑まないよ。だからあなたも攻撃しないでね！」と、力的に弱いほうがよく見せます。カーミング・シグナルと同じようなものです。

突発的なケンカのあとに見せることもあります。この場合は、相手をなだめる効果があるようです。

飼い主との間では、飼い主がいつもと様子が違ったり、イヌが飼い主のことを突発的に噛んだあとなどに見せます。いずれも、ストレスの軽減や不安の解消につながる行為と考えられています。

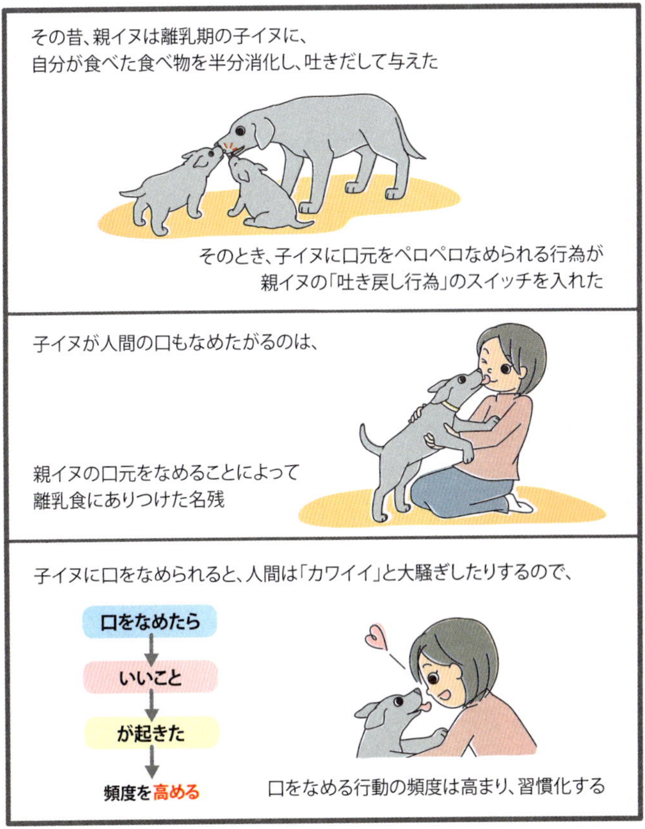
その昔、親イヌは離乳期の子イヌに、
自分が食べた食べ物を半分消化し、吐きだして与えた
そのとき、子イヌに口元をペロペロなめられる行為が
親イヌの「吐き戻し行為」のスイッチを入れた
子イヌが人間の口もなめたがるのは、
親イヌの口元をなめることによって
離乳食にありつけた名残
子イヌに口をなめられると、人間は「カワイイ」と大騒ぎしたりするので、
口をなめたら
いいこと
が起きた
頻度を高める
口をなめる行動の頻度は高まり、習慣化する

4-13 おしっこをする

ストレス
カーミングシグナル
興奮
恐怖
その他

膀胱《ぼうこう》に尿がたまったから、マーキング行為として、恐怖による失禁、興奮によるウレション、膀胱炎などの病気。イヌがおしっこをする理由としては、以上が挙げられますが、これらとは異なる理由がもう1つあります。それはカーミング・シグナルです。

ほかのイヌにしつこくつきまとわれているイヌが、「私はあなたよりもおしっこするほうが大切なの。だからあなたも私に集中しないで」といった感じで見せたりします。

私のパートナー犬の1匹、鉄の場合はこんな状況で見せます。

私のスクールの玄関正面に車をバックでつけ、帰宅のために彼を車に乗せようと呼び寄せるときです。かならずといっていいほど、スクール内のイヌ用トイレに入っておしっこをします。

鉄は車に乗ること自体が、それほど好きではありません。ただ、車のクレートに入ればフードをもらえることも知っています。好きではないけれど、いいこともある、どうしよう……、といった混乱が生じるのでしょう。鉄はその混乱をみずから静めようとしているのだと考えられます。

さて、カーミング・シグナルの多くは、ストレス反応と共通しています。おしっこは、どうなのでしょう？

ここまで挙げた理由以外に、私たちがおしっこに行きたくなるときがあります。そう、緊張したときです。緊張するとおしっこが近くなる。これは、多くの人が体験することでしょう。緊張すると、神経が過敏になり、膀胱中枢が膀胱のわずかな変化も敏感に感じてしまう、それが、緊張するとおしっこが近くなるメカニズムです。

テストの前や学芸会の舞台に立つ前、運動会の徒競走のスタート前などなど、これらはいわばストレス下の状況です。生得的なストレス反応が、その後の経験による学習でカーミング・シグナルへ発展していく。その例が、ここにも見られるのかもしれません。

生得的なストレス反応が、
その後の経験による学習で
カーミング・シグナルへ発展していく
ストレス
緊張
…なんかまたおしっこしたい…
カーミング・シグナルとして、
おしっこをするのは…
しつこい!!
しつこいイヌから逃れたくて…
おしっこするほうが
大事なの、ほうっておいて
…おしっこをする
車に乗るのはイヤだけど、ごほうびをもらいたくて…
帰るよ!
どうしよう?!
…とりあえず落ち着こう…
…で、おしっこをする、など

4-14

後方に土を足で飛ばす

興奮　うれしい楽しい　その他

イヌによっては、おしっこやうんちをしたあとに、四肢で土を後方に飛ばします。さて、この行為にはどんな意味があるのでしょうか？

ネコは自分のうんちの上に土や砂をかけて、隠そうとします。しかし、それには前足のみを使いますし、結果としてしっかりと排泄物を隠しています。

イヌの場合は、おしっこをした場所に砂や土がかかっているわけではありません。うんちにしても、結果的にはまったくうんちは隠されていません。こうしたことから、うんちやおしっこを隠しているわけではないことは明白です。

さて、この足で土を飛ばす行為、どのイヌもするわけではなく、観察しているとマーキングする雄イヌに多いのです。ということは、マーキングとなにか関係がある、と想像できます。

真相はイヌに聞いてみないとわかりませんが、おそらく足で土を飛ばす行為は、視覚的なマーキングの効果があるというのが、納得のいく仮説でしょう。

視覚的なマーキングとして有名なのは、ネコやクマの爪研ぎの跡です。おそらくそれと同じなのでしょう、イヌが足で土を飛ばしたところには、くっきりと彼らの爪跡が残されています。また、足裏には汗腺がありますので、そこにはにおいも残されるでしょう。

爪跡発見→においで何者かを確認→付近のうんちやおしっこでさらなる確認、ほかのイヌのこうした行動の流れのトリガー的作用があるのだと想像できます。爪跡を残したイヌは、うんちやおしっこのマーキングへの誘導を、その行為でしていることになるわけです。

ネコは自分の排泄物を、
前足を使ってしっかり隠す
排泄後、後ろ足で土を飛ばすイヌもいるが、
隠そうとしているわけではない
まったく
隠れてないぞ!
これでヨシッ!
爪跡?!
何者だ?!
地面に爪跡を残すことで、
視覚的マーキングの効果があると思われる

4-15 マウンティング

興奮　確認　うれしい楽しい　その他

ほかのイヌにお尻方向から馬乗りになる行動が、マウンティングです。雄が発情した雌に馬乗りになり、雌がこれを受け入れれば交尾へと発展していきます。

こうした性的な行動以外でも、マウンティングはよく見られます。優位性行動とか支配性行動とか、よく強者が弱者に対してみずからの強さをアピールする行動といわれていました。しかし、私の考えは違います。

私は、マウンティングにかぎらず、強いか弱いかの力関係は、強いほうが決めているのではなく、弱いほうが決めていると考えています。力関係がはっきりしていれば、弱いほうが譲る。それでトラブルは避けられます。

ダップは強いタイプのイヌです。いろいろなイヌに馬乗りになろうとしますが、それを受け入れるか受け入れないかは、乗られたほう次第です。相手が受け入れれば、そのイヌとのトラブルは起きません。相手がいろいろと譲るからです。受け入れない場合、ダップは不注意に「俺が先」といった行動をとりません。

もう1匹のパートナー犬、鉄はどうでしょう？　鉄は弱いタイプですが、成長の過程をビデオで見て、おもしろいことに気づきました。鉄は小さいころ、出会うイヌすべてといっていいくらいマウンティングをしかけていたのです。

4カ月齢、体重5kg程度なのに、25kgのシェパードにも40kgものミックス犬にも乗ろうとしました。ところが、自分より小さなイヌにもことごとく拒否される始末。やがて、誰に対してもマウンティングをしなくなりました。

こうした鉄の行動の変遷から見ても、マウンティングは力関係を確認する行為で、その力関係は乗られたほうが決めるということがわかると思います。

ちなみに、雌でも子イヌの時期からマウンティングをするイヌがいます。そうした雌は、胎生期に浴びたテストステロンの量が多かったのであろうと想像できます。

4-16

その他

目の前のおやつに気づかない

こんな場面は、記憶にありませんか？　目の前にあるおやつにイヌが気づかなかったり、とってこい遊びでイヌがボールを見失ってしまったりした場面です。これには、いくつか理由があります。

まず、目の前のものに気づかないのは、イヌの視力が原因です。イヌは昔から近眼といわれています。確かに遠いものははっきりと見えないようです。しかしそれだけではなく、眼球から60センチ以内の近いものにも焦点が合わないのです。ピントが合う距離の範囲が非常に狭いということです。

それに加え、彼らは色の識別が苦手です。人間は3つの色に強く反応する3つの視細胞をもっているのですが、イヌは2つの色に強く反応する、2つの視細胞しかもっていません。

色の波長でいうと、人間は420、534、564nm（ナノメートル）に反応のピークがある3つの視細胞をもっているのですが、イヌの場合は429、555nmの2つです。420nmと429nmは、おおよそ青です。534nmは緑と黄色の中間、555nmは緑に近い黄色といったところです。564nmは赤にやや近い黄色です。

すなわち人間は、青、緑と黄色の中間、そして赤にやや近い黄色にいちばん反応する3つの視細胞の興奮の組み合わせで色を感じているのですが、イヌは青と、緑に近い黄色にいちばん反応する2つの視細胞の組み合わせで色を感じています。その結果、色の識別能力は、人間よりもかなり悪いのです。

おやつやボールなどが止まっていると、地面や床にその色が埋没してしまい、結果その存在を見失ってしまうのでしょう。

ただし、視力が悪く、色の識別能力も低いのは、それで十分生きてこられたということです。視力や色の識別能力よりも、動くものに対する反応、そして夜目が利くことに関しては、人間の比ではありません。獲物を捕まえる視覚的機能を優先して、イヌは適応、進化してきたということです。

ボール遊びをしているときに、イヌがボールを見失ったりするのは…
イヌの視力が原因
どこにいった??
イヌはピントが合う距離の範囲が非常に狭いうえ、
色の識別が苦手なので
人間にはこう見えても…
イヌにはこんな感じに見えている
でも動くものに対する反応や、夜目が利くのは人間の比ではない
獲物を捕まえる視覚的機能を優先して適応、進化してきたということ

ワン話休題

攻撃的ポーズと非攻撃的ポーズ

イヌがお腹を見せているからといって、服従するわけではありません。その時点で戦う意志がないことを伝えているだけです。

その言葉がもつ強さゆえに、それを用いることで本質を見失わせてしまう可能性がある言葉がほかにもあります。「支配性」「優位性」という言葉です。

従来はイヌのボディ・ランゲージや行動を、この「支配性（優位性）」「服従」といった対立軸の中で分類するのが一般的でした。しかし、以上のように本質を見失わせてしまう可能性があるので、私は「支配」と「服従」という言葉をあえて用いずに、「積極的（みずからしかけるようにやっている）」か「消極的（仕方がなくやっている）」か、「攻撃的（攻撃の意志がある）」か「非攻撃的（攻撃の意志がない）」かの、２つの対立軸の組み合わせで、行動を分類することを提言しています。

たとえば、相手が近づいてきたので仰向けになってお腹を見せたのであれば、それは「消極的な非攻撃ポーズ」、逆に低姿勢で相手に近づくような流れで仰向けになってお腹を見せたのであれば、それは「積極的な非攻撃ポーズ」というふうにです。

同様に、たとえば、口角（口の両きわ）を前にだし耳を立て犬歯を見せて身を乗りだすような姿勢でうなっているのであれば「積極的な攻撃ポーズ」、口角を後方に引き耳を寝かせ、身を引くような姿勢でうなっていれば「消極的な攻撃ポーズ」と分類します。

従来、「支配」「服従」の対立軸で分類されていたボディ・ランゲージは、すべて私が提言する方法で分類し直すことが可能となります。

第5章

問題行動を分析する

5-01

ストレス　カモフラージュ　その他

地面に体をこすりつける

　あなたのイヌは、散歩のときに地面に体をこすりつけたりしないでしょうか？　地面のにおいを嗅いでいたかと思うと、そこに顔をこすりつけ始め、さらに肩をこすりつけ、背中へと。そのこすりつけている場所を確認すると、ひからびたミミズの死骸があったりします。

　河原や海岸だと、打ち上げられた腐りかけの魚とかによくやります。こすりつけたものによっては、シャンプーしてもにおいが取れなかったりして、閉口します。

　では、この行動はなんのためにするのでしょうか？

　昔からいわれているのは2つ。1つは、においのカモフラージュです。「イヌだ！」と感づかれると獲物に逃げられてしまうので、自分のにおいをごまかすというものです。もう1つは、「こんなものあったよ」と仲間に知らせるという説。

　ただし、ひからびた死骸や腐りかけの魚の存在を仲間に知らせることに、どういう意味があるのでしょうか？　それが、獲物や敵のなにかであれば、生きのびることに有利に働くという適応が考えられますが、そうではないわけです。どうも「こんなものあったよ」説は、いかがなものかと私は考えます。

　一方のカモフラージュ説のほうは、まさに適応に関するものですから、その可能性は高いと考えられます。

　イヌのなかには、シャンプーのあとに、この地面に体をこすりつける行動を見せます。こちらは、自分の体臭というよりもシャンプーのにおいが不快で、ほかのにおいをつけようとしているのでしょう。

シャンプーのにおいは自分のにおいとは違う、でも決してカモフラージュになるにおいではない、そのことをイヌは知っているのでしょうね。

地面に体をこすりつけたりするのは…
なんか見つけた?
獲物にイヌだと感づかれないよう
ん??
なにかある??
カモフラージュするため
なんか臭い!!
せっかくシャンプーしたのに!
シャンプーのにおいが不快なときに、
ほかのにおいをつけようとすることもある

5-02

本気で噛みつく

威嚇・警告　ストレス　不安　恐怖　怒り

イヌはなにかをきっかけに噛むことを学習します。この場合の学習とは、噛む行動の頻度を高めることです。噛んだ結果、いいことが起きているかいやなことがなくなっていれば、噛む行動の頻度は高まっていきます。

本気で噛まれた人の話を聞けばすぐにわかりますが、家庭犬の場合は100%といっていいぐらい、イヌのいやがるなにかをしようとしたときか、あるいはストレスをかけたときに噛みます。すなわち、結果的にいやなことをなくそうとして噛んでいるのです。

イヌの目的は、そのいやな状況から逃れることです。なんの意味もなく、突発的に噛むことはそうはありません。通常は、噛みつくまでに何段階かの警告を発しています。

いわば警官が犯人に対して、止まれ！→止まらないと撃つぞ！→空に向けての威嚇《いかく》射撃→地面に発砲→手や足に発砲→射殺、こうした段階を踏むのと同じです。

イヌの本気噛みの場合は、1動きを止め相手をにらむ→2軽くうなる→3鼻の上にしわを寄せて犬歯を少し見せる→4大きく犬歯を見せ、うなり声も強く大きくなる→5空噛みをする（歯は当たらない）→6歯を皮膚に当てる→7犬歯を食い込ませる（シングルバイトといって1回噛んで離れる）→8犬歯を食い込ませて離さない、または何度も強く噛む→9噛んだまま左右に振る、となります。

噛まれたと飼い主がよく大騒ぎするのは、6の段階です。犬歯は皮膚に食い込んではいないのですが、歯が触れたときに、たとえばそれが手であれば、手を引っ込めようとしますから、そこにクギで引っかいたような裂傷ができるのです。

いずれにしても、警告を無視すれば行動の段階は次へと進みます。イヌは体験を学んでいきますから、過去に体験した段階まで行動の段階を飛ばすようにもなります。

1や2の警告に気づき、イヌがいやがることは少しずつ慣らすことです。それが、噛まれない秘訣といえるのです。

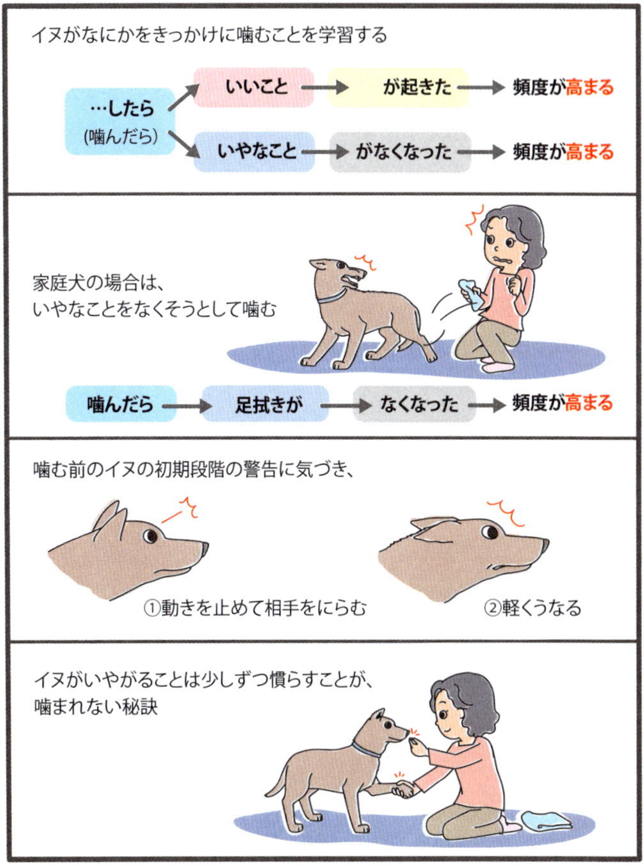
イヌがなにかをきっかけに噛むことを学習する
…したら
(噛んだら)
いいこと
が起きた
頻度が高まる
いやなこと
がなくなった
頻度が高まる
家庭犬の場合は、
いやなことをなくそうとして噛む
噛んだら
足拭きが
なくなった
頻度が高まる
噛む前のイヌの初期段階の警告に気づき、
①動きを止めて相手をにらむ
②軽くうなる
イヌがいやがることは少しずつ慣らすことが、
噛まれない秘訣

5-03

かじる

確認　ストレス　うれしい楽しい　興奮　気持ちいい

イヌが高価な家具の脚や、ブランドもののバッグをかじってしまう。実際にそうした体験をもつ飼い主がいます。

吠える、噛む、かじるの3つは、イヌの専売特許ともいえます。ただし、子イヌのときから教えるべきことをしっかりと教えてあげれば、先のような体験のもち主になることはありません。

子イヌ、特に乳歯が生え始める生後3週齢から、乳歯の生え替わりが終わり、大人の歯が生えそろう生後7カ月齢前後までは、イヌはいろいろなものをかじるように遺伝的にプログラムされています。

なんでも口の中に入れてかじり、それが食べられるものなのか、楽しいものなのかを確認します。人間の赤ちゃんがなんでも口に入れるのと同じです。かじることで歯の正常な抜け替わりも促進され、あごの力も鍛えられます。イヌ同士の中で育てば、お互いに噛み合って遊びますし、そうした遊びを通じて噛みつきの抑制なども身につけていくのです。いずれにしても、四六時中噛むものを探している、そういう時期があるということです。

そして、大人の歯が全部生えそろうと、かじる、噛む欲求は徐々に減っていきます。もちろんそうした欲求がゼロになるわけではありませんが、それまでのように手当たり次第に噛むようなことは減ってきます。

そして、かじる、噛む欲求が強いときに、噛んで楽しかったもの、噛んでおいしかったものを好んで将来的にも噛むようになります。一方、それまで噛む体験をしていなかったものは、新たに噛むようにはならないものなのです。

ですから、生後3週齢から、乳歯の生え替わりが終わり大人の歯が生えそろう生後7カ月齢前後までは、噛んでいいものを積極的に与えます。それに対して、将来的に噛んでほしくないものは、しまう、その場所に行かせない、カバーをする、イヌがきらう味のなにかを塗る、そうした対応をとることです。

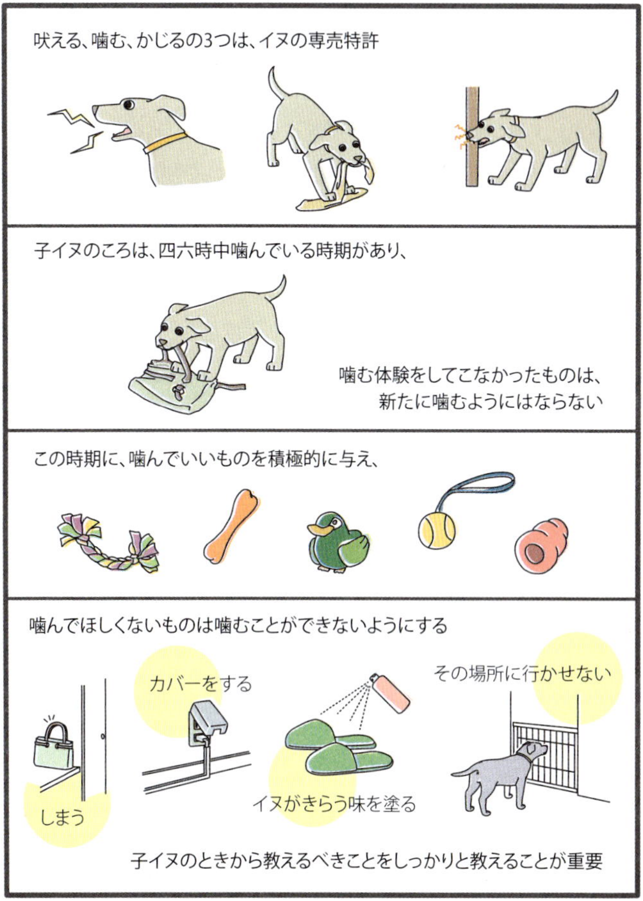
吠える、噛む、かじるの3つは、イヌの専売特許
子イヌのころは、四六時中噛んでいる時期があり、
噛む体験をしてこなかったものは、
新たに噛むようにはならない
この時期に、噛んでいいものを積極的に与え、
噛んでほしくないものは噛むことができないようにする
カバーをする
その場所に行かせない
しまう
イヌがきらう味を塗る
子イヌのときから教えるべきことをしっかりと教えることが重要

5-04

くわえたものを放さない

不安　警戒　興奮

手にしていたものを無理やり取られそうになったらどうしますか？　手から絶対に放さないでしょう。返してくれるかもしれないけれど、汚されたり、傷つけられたりする可能性があるなら、やはり放さないでしょう。

イヌも同じです。無理やり放させようとすれば、放しません。放させようとすればするほど、イヌは口を閉ざします。

イソップ物語の北風と太陽の話をご存じでしょう。旅人のオーバーを吹き飛ばそうと、北風は強い風を吹きつけますが、風が強ければ強いほど、旅人はオーバーを体から離さないようにします。太陽は逆に、旅人がみずからオーバーを脱ぐように暖かい日差しを浴びせたのです。

イヌも同じ。無理やりではなく、みずから口を開くように導くことです。まずは、くわえているものより価値があるものと、交換することです。そして、放したものはイヌに返してあげることです。くわえているものを放せばいいことが起き、しかも放したものはまた戻ってくる。これを、遊びを通じて学ばせるのです。

くわしくは、前著『うまくいくイヌのしつけの科学』を参照していただきたいのですが、適切なトレーニングを行えば、イヌはやがて合図でくわえているものを放すようにもなります。

並行して、口を指で開かせる練習もするといいでしょう。こちらは、指先にフードをもち、そのフードをペロペロなめさせて、夢中になっている間に口を手で開けて、フードを口の中に入れます。口を開くとフードがもらえるわけですから、やがてイヌは無抵抗に口を開くようになります。

この2つのことができるようになれば、くわえているものを難なく放させることができるようになります。

5-05

不安 警戒 威嚇・警告

場所を守る

ソファで寝ているイヌをどかそうとしたら、噛みついてきた。そんな経験をおもちの飼い主がいます。

イヌにとって価値のあるもの、手に入れたくなるもの、守りたくなるものを、**リソース（資源・財産）**といいますが、快適な居場所もそのリソースの1つとなりえます。

リソースを奪われるのは、いやなことです。そのいやなことをなくそうとするのは、特別な行動ではありません。「本気で噛みつく」（150ページ）の項で説明したように、場所を守るようになるイヌは、最初は固まってあなたを横目でにらむでしょう。さらにどかせようとすると、軽くうなるはずです。

噛まれる前に、予防をしましょう。

その場所を明け渡したらいいことが起きる。そして、そこにまた戻れる。そうした体験をたくさんさせるのです。

トレーニング方法は簡単です。まずフードをイヌが陣取っている場所の近くにばらまき、イヌをその場所からどかします。フードを食べたら元の場所にイヌが戻ってもかまいません。それがスムーズにできるようになったら、フードをばらまくときに「オリテ」などの合図をつけます。さらに今度は、フードを取りに場所を明け渡したイヌに、手からフードを何粒かあげます。これもできるようになったら、フードで誘導し、「オスワリ」もさせます。さらに次の段階は、明け渡した場所とイヌとの間に入ってフードをあげ、「オスワリ」をさせます。

この段階までくれば、「オリテ」と指示をだして、フードを握った手で誘導すれば、フードをばらまかなくても下りるようになっているはずです。さらに、今度はフードを与えながら、イヌが明け渡した場所に飼い主が座ります。そしてフードを何粒かあげます。

こうすることで、いまいる場所を飼い主に譲るといいことが起きる、さらにそこに戻ることもできる、ということをイヌに伝えられ、結果、場所を守る行動はなくなるのです。

快適な場所は、
イヌにとって守りたくなるものの1つ
快適な場所を奪われるのはいやなこと
いやなことをなくそうとするのは、
特別な行動ではない
そうならないよう、予防が大事
オリテ
「オリテ」などの指示で、
場所を譲ったらフードを与え、
場所を譲ったら、いいことが起きる
そして、そこにまた戻れる。
という体験をたくさんさせることが大事

ワン話休題

少しずつ慣らす

「本気で噛みつく」(150ページ)の項でお話ししたように、いやがることを無理やり行うことは、噛みつくなどの困った行動をやがて誘発する可能性があります。

なにかをきっかけに、噛むなどの行動でいやなことがなくなるという体験をすれば、それをきっかけに噛むなどの問題行動の頻度は高まります。

いやがることは少しずつ慣らす、これが基本です。

イヌがいやがることの代表例は、個体差はありますが、ブラッシング、足ふき、目やにふき、耳そうじ、爪切り、シャンプー、ドライヤー、掃除機をかけることなどなど。

いずれもいやだと感じさせないレベルから慣らすことです。私は飼い主さんに「刺激のレベル」という話をします。たとえば、音であれば大きくなると刺激のレベルが高くなります。物体であれば距離です。近くなれば刺激のレベルが高くなる。そして、それ以上は無理、それ以下ならまだいけるという境目が、いやがる刺激にはかならずあって、その境目を「刺激のボーダーライン」と理解してもらいます。

ボーダーラインを超えた刺激の領域は、「レッドゾーン」です。慣らしの段階では、このレッドゾーンの刺激の中にイヌを入れないように、十分な配慮をするよう注意します。

ボーダーラインを超えていないかどうかのチェックは、フードを与えることで確認できます。フードが食べられれば、ボーダーラインを超えていません。フードが食べられない状況は、レッドゾーンにイヌを入れてしまっています。

レッドゾーンでの体験をさせればさせるだけ、ボーダーラインは下がっていきます。結果、イヌはその刺激をどんどん苦手としていきます。無理やりいやなことをさせるということは、まさにこういうことです。

慣らすのにいちばん効果的な刺激の強さは、ボーダーラインの下ギリギリのところです。このギリギリのところでフードを与えていい体験をさせていると、やがてそのギリギリのところが平気になっていきます。すると、ボーダーラインが少し上がります。次に、少し上がった新しいボーダーラインの下ギリギリのところで、フードを与えていい体験をさせると、そこも平気になっていく。これを繰り返すことでボーダーラインを上げることができ、レッドゾーンの領域を少なくしていくことができるのです。

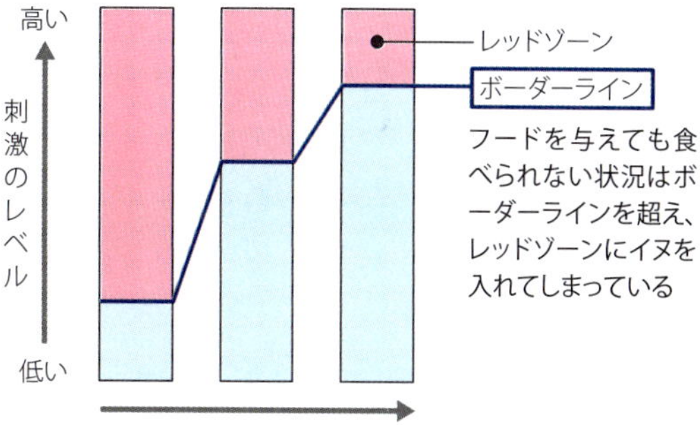
高い
刺激のレベル
低い
レッドゾーン
ボーダーライン
フードを与えても食べられない状況はボーダーラインを超え、レッドゾーンにイヌを入れてしまっている

少しずつ刺激に慣らし、ボーダーラインを上げていき、
レッドゾーンの領域を少なくしていく

5-06

人に飛びつく

うれしい楽しい　興奮　要求

問題行動のほとんどは、なにかをきっかけにその行動が誘発され、それが学習されていきます。きっかけとなる行動の多くは、生得的、すなわち生まれつきもっている行動。たとえば、吠える、噛みつく、興奮するなどです。

そして、学習するとは、なにかのきっかけでその行動をとった結果、いいことが起きたか、あるいはいやなことがなくなったかのどちらかが生じ、その行動の頻度を高めていくということです。

本気噛みは、その行動の結果、いやなことがなくなっているからでした。では、飛びつきはどうでしょうか？

もちろん可能性としては、いいことが起きているのか、いやなことがなくなっているのか、両方が考えられます。ただ、家庭犬の場合は100％前者といえます。

飛びついたら、いいことが起きた、いいことが起きている、ということなのです。では、そのいいこととはなんでしょうか？

子イヌが飼い主の口をなめたがるお話をしました。多くの子イヌたちは飼い主がしゃがんでいると、口をなめたがって飛びついてきます。このとき、飼い主は「イイコね、カワイイ」などといってなでたりします。場合によっては、抱き上げたりします。

口をなめてくるような子イヌにとって、なでられたり抱き上げられたりすることは、いいことです。子イヌのうちはいいのですが、成長した特に大型犬では、飛びつきはやめさせるべき行動だと飼い主が感じるようになります。すると今度は、飛びつきに対して「ダメ！」と対応します。この対応も、実はイヌにとって「いいこと」になりえるのです。かまってほしいイヌに対して、「ダメ！」と反応することは、かまってあげていることにほかならないからです。

いちばんの対応策は無視することです。結果的にいいことが起きなければ、その行動は減っていきます。一方で、両立できない行動を高めていくことも重要となります。

※両立できない行動に関しては、次項で解説します。

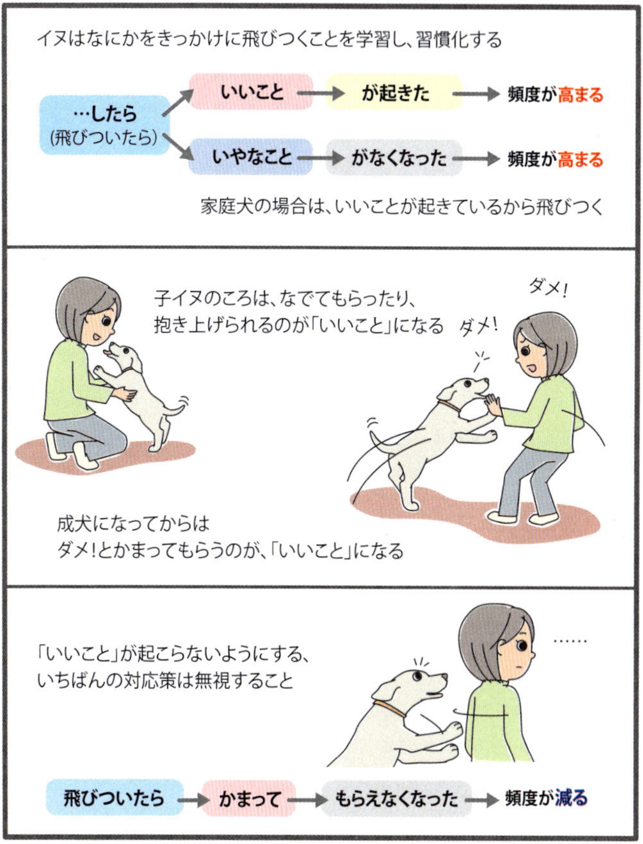
イヌはなにかをきっかけに飛びつくことを学習し、習慣化する
…したら
(飛びついたら)
いいこと
が起きた
頻度が高まる
いやなこと
がなくなった
頻度が高まる
家庭犬の場合は、いいことが起きているから飛びつく
子イヌのころは、なでてもらったり、
抱き上げられるのが「いいこと」になる
ダメ!
ダメ!
成犬になってからは
ダメ!とかまってもらうのが、「いいこと」になる
「いいこと」が起こらないようにする、
いちばんの対応策は無視すること
……
飛びついたら
かまって
もらえなくなった
頻度が減る

ワン話休題

両立できない行動を教える

いいことが起きるので習慣化した行動は、いいことを起こさないというのが、第１の対処法です。ただ、たとえば飛びつきなら、かまってほしいという欲求がその根底にあります。

その根底にある欲求が満たされなければ、欲求不満が生じて、イヌはストレスを抱え込むことになります。場合によっては、その欲求を満たすために（ストレスを解消するために）、新たに別の困った行動を起こしてくるかもしれません。

ここで欠かせないのは、その行動の根底にある欲求を、こちらが好ましいと考える行動で満たしてあげるということです。飛びつきであれば、飛びついたら無視します。いいことが結果的に起きないわけですから、飛びつきはかならず減っていくでしょう。しかし、それだけでは、かまってほしいという欲求は満たされません。

ここからが重要なわけです。実は多くのイヌは、飛びつきを無視していると、座るという行動をかならずといっていいほど見せます。過去の体験で、座るといいことが起きることも体験しているからです。そのチャンスを見逃さないことです。座ったら、そこでかまってあげるのです。トレーニングとして行うのなら、フードを提供します。

飛びついてもいいことは起きないけれど、座るといいことが起きる。飛びつくことと座ることは、同時にできない行動です。この２つの選択肢をイヌに与え、イヌに考えさせ、選ばせることが重要なのです。

問題のある行動の要因が、いいことが起きているからであれば、その困った行動を減らすと同時に、この両立できない好ましい行動を教える。これがいちばんの改善策となります。

引っ張りしかり、拾い食いしかり、要求吠えしかりなのです。

問題のある行動の要因が、いいことが起きることであれば…

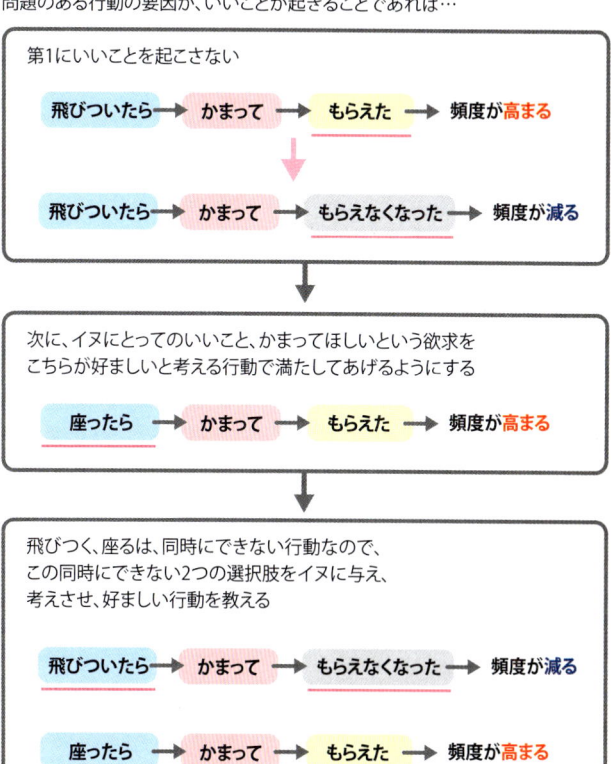

第1にいいことを起こさない

飛びついたら → かまって → もらえた → 頻度が高まる

↓

飛びついたら → かまって → もらえなくなった → 頻度が減る

↓

次に、イヌにとってのいいこと、かまってほしいという欲求を
こちらが好ましいと考える行動で満たしてあげるようにする

座ったら → かまって → もらえた → 頻度が高まる

↓

飛びつく、座るは、同時にできない行動なので、
この同時にできない2つの選択肢をイヌに与え、
考えさせ、好ましい行動を教える

飛びついたら → かまって → もらえなくなった → 頻度が減る

座ったら → かまって → もらえた → 頻度が高まる

5-07

散歩中に引っ張る

うれしい楽しい 興奮 確認 要求

散歩中の引っ張りについて、考えてみましょう。

問題となる行動は、その行動の結果、いいことが起きているのか、いやなことがなくなっているのかのどちらかです。では、散歩中に引っ張るのはどちらでしょう？　答えは両方あります。

いいことが起きる場合、それは行きたい場所に結果的に行けてしまう、ということです。公園に行きたい、あの電信柱のにおいを嗅ぎたい、あそこにマーキングしたい、あそこに落ちているなにかを確認したい、あそこにいるイヌのそばに行きたい……。〇〇したいというその欲求が満たされることは、すべていいこととなりえるのです。

いやなことをなくしている、とはどういった場合でしょう？　それは、その場にいることがいやなこととなる場合です。逃げだそうとして引っ張る、たとえばそうしたことです。ただ、家庭犬の場合、引っ張られて困るというのは、前者の「いいことが起きているから、引っ張っている」という例がほとんどです。

では、どうしたらいいでしょうか？

結果的にいいことが起きるのでその行動をとっている場合は、いいことを起こさないのが基本です。すなわち、引っ張ったら止まることです。いくら引っ張ってもいいことは起きないとなると、かならずといっていいほど、イヌは引っ張らなくなります。引っ張るのをやめたら（リードを緩めたら）、行きたい方向に進んであげます。

引っ張ってもいいことは起きず、リードを緩めるといいことが起きる。この2つの選択肢を与え、イヌに考えさせるのです。時間はかかりますが、やがてイヌは常にリードを緩めながら歩くようになります。

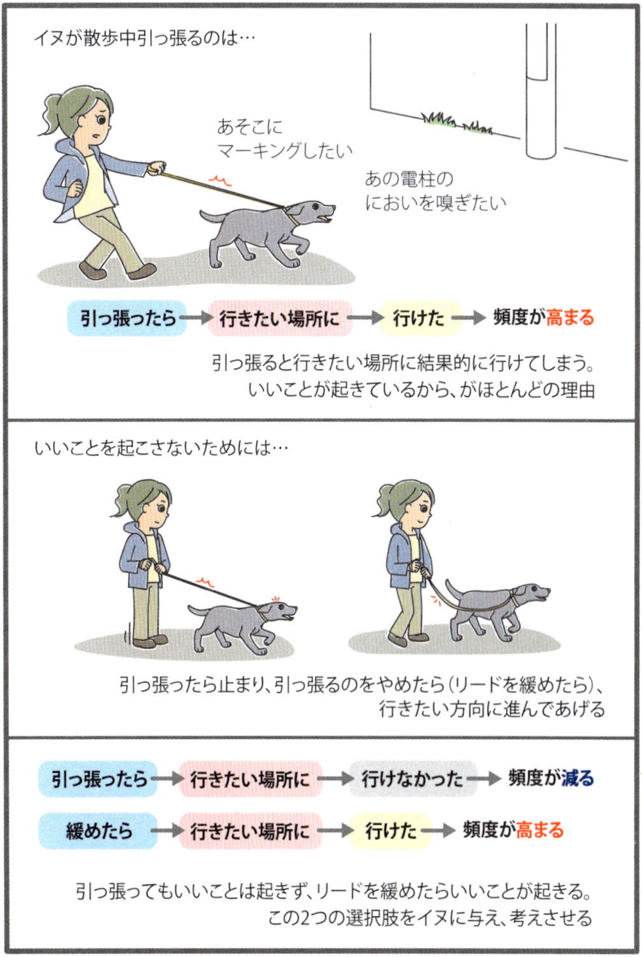

イヌが散歩中引っ張るのは…
あそこに
マーキングしたい
あの電柱の
においを嗅ぎたい
引っ張ったら → 行きたい場所に → 行けた → 頻度が高まる
引っ張ると行きたい場所に結果的に行けてしまう。
いいことが起きているから、がほとんどの理由
いいことを起こさないためには…
引っ張ったら止まり、引っ張るのをやめたら（リードを緩めたら）、
行きたい方向に進んであげる
引っ張ったら → 行きたい場所に → 行けなかった → 頻度が減る
緩めたら → 行きたい場所に → 行けた → 頻度が高まる
引っ張ってもいいことは起きず、リードを緩めたらいいことが起きる。
この2つの選択肢をイヌに与え、考えさせる

5-08

むだ吠えをする

うれしい楽しい　ストレス　警戒
興奮　不安　その他

「むだ吠えに困っている」とよく飼い主は訴えますが、イヌにむだ吠えなどはないことが、もうおわかりだと思います。

動物たちの行動は、まず得られるものの価値、失いたくないものの価値すなわち資源価値と、それを得るための労力、それを守るための労力すなわちコストを天秤にかける。そして、資源価値とコストの関係が、資源価値－コスト＞0にならない行動はとらない、このことはすでにお話ししました。

吠えることはエネルギーを必要としますから、コストが生じます。そのコストに見合うなにかが得られないかぎり、またはなにかを守れないかぎり、彼らは吠えるという行動をとりません。

別の視点からも見ていきましょう。

頻度が高まっていった行動は、その行動の結果いいことが起きているか、いやなことがなくなっているかのどちらかです。すなわち、吠えた結果なにも起こらなければ、彼らは吠えるという行動をとらないわけです。

どちらの視点から語っても、イヌが吠えることにはなにかしらの意味があり、むだに吠えることなどないということです。

さて、吠えに悩まされているのなら、吠えた結果なにが起きているかを観察し、よく考えてみることです。かならずいいことが起きているか、いやなことがなくなっているかのどちらかのはずです。

たとえば、イヌの食事を用意している間吠え立てているケース。さあ、吠えた結果、なにが起きていますか？　そうですね、食事がでてくる。結果的にいいことが起きているわけです。

では、どうしたらいいでしょうか？　吠えていたら、絶対に食事は与えないことです。近所迷惑になるので、それができないのであれば、イヌが食事をしている間に次の食事の用意をすませてしまうことです。

※ほかの吠える行動については、第6章でくわしく解説します。

吠えた結果、なにが起きているかを観察すると…
いいことが起こっているか…
吠える労力（コスト）より、得るものが大きいとき
資源価値（フード）
－
コスト（吠える）
＞ 0
吠えた結果いいことが起きているとき
吠えたら
フードを
もらえた
頻度が高まる
いやなことがなくなっているとき
吠える労力（コスト）より、失いたくないものが大きいとき
資源価値（自分の場所）
－
コスト（吠える）
＞ 0
吠えた結果、いやなことがなくなっているとき
吠えたら
自分の場所から、知らない人が
いなくなった
頻度が高まる
吠えた結果、なにも起こらなければ
吠えることはない。
イヌにむだ吠えはない、ということ
そういうこと！

5-09

拾い食いをする

うれしい楽しい　確認　その他

食べはしなくても、落ちているものを口にすることを、総じて「拾い食い」といいます。散歩での拾い食いも、結果的にいいことが起きているか、いやなことがなくなっているかのどちらかです。後者は想像しにくいので、一般的には要因は前者になります。落ちているものを確認したい（口にしたい）ときに、結果的にそれらを確認できれば（口にできれば）、いいことが起きていることになります。飛びつきや引っ張りと同じです。

拾い食いをさせているかぎり、拾い食いを学習させている、いわば拾い食いを得意にさせているのと同じなのです。

いいことが起きた結果、学習している困った行動は、いいことを起こさないようにすることです。すなわち、拾い食いをしそうになっても、鼻先を地面に着かせないようにします。そのためには、それが可能なリードの位置をもつことが重要となります。

リードを握った手を、ご自身のおへそからみぞおちあたりに密着させたときに、イヌの鼻先が地面に着かない位置をもつことです。この位置をもっていれば、拾い食いしそうになったときでも、リードを握った手をおへそからみぞおちあたりに密着させることで拾い食いは防げますし、手を下ろせばリードは緩み、イヌはリラックスできます。

伸びるリードはどうでしょう？　伸びるリードでは、絶対に拾い食いは防げません。NGということです。

拾い食いができなければ、いいことが起こらないので、その行動は減っていきます。このときに両立できない行動も教えましょう。飼い主を見上げたら、いいことを起こしてあげるのです。

いきなり歩いてのトレーニングは難易度が高いので、最初は止まった状態から。落ちているものは拾おうとしても拾えない、飼い主のほうを見上げたらフードがもらえる。このトレーニングからやってみることです。

拾い食いをさせているかぎり、
イヌに拾い食いを学習させ、得意にさせている
拾い食いをやめさせるには…
まずは止まった状態で、
拾おうとしても拾えない状況をつくり、
同時に飼い主を見上げたら（両立できない行動）、
フード（いいこと）を提供する

5-10

トイレ以外で排泄する

気持ちいい　興奮　ストレス　不安　恐怖　その他

トイレ以外で排泄する原因は、マーキング、膀胱炎などの泌尿器系の疾患や分離不安などの精神的な疾患、汚れている・狭いなどトイレそのものの物理的な要因、あるいは飼い主の注目を得るためといった間違った学習によるものなど、多彩です。

それぞれを解説する余裕はありませんが、ここ数年、いちばん多く相談を受ける具体的なケースをひも解いていきましょう。

それは「サークル内にいるときはトイレトレーでするのに、サークルからだすとトイレトレーには行かず、リビングで排泄してしまう（明らかにマーキングとは異なる）」というもの。

まず知っておくべきは、排泄が気持ちのいい行為だということです。ですから、排泄はどこでやってもいいことが起きているといえるのです。しかもイヌは、○○で排泄するといいことが起きるというように、○○という場所との結びつけも行います。問題の改善のためには、トイレ以外での排泄をさせない、トイレでしか排泄の体験ができない状況をつくることです。

次に知っておくべきことは、イヌは寝床（＝巣）から離れたところで排泄するということです。サークルの中を寝床（＝巣）のように考えていれば、サークルの外にいるときに排泄したくなっても、サークルには戻りません。サークル内にいるときにトイレトレーで排泄するのは、サークルからでられないから仕方なくやっているだけです。

問題の改善のためには、サークルの中にトイレとベッドを隣接させるような飼育環境を変えることです。トイレと寝床（＝巣）は、別空間にします。いちばんイヌにわかりやすいのは、クレートを寝床にし、サークル全体をトイレにしてあげることです。

排泄したいときに100％サークルに戻るようになれば、サークルの1面ずつを外すこともでき、最終的にはトレーだけでよくなります。

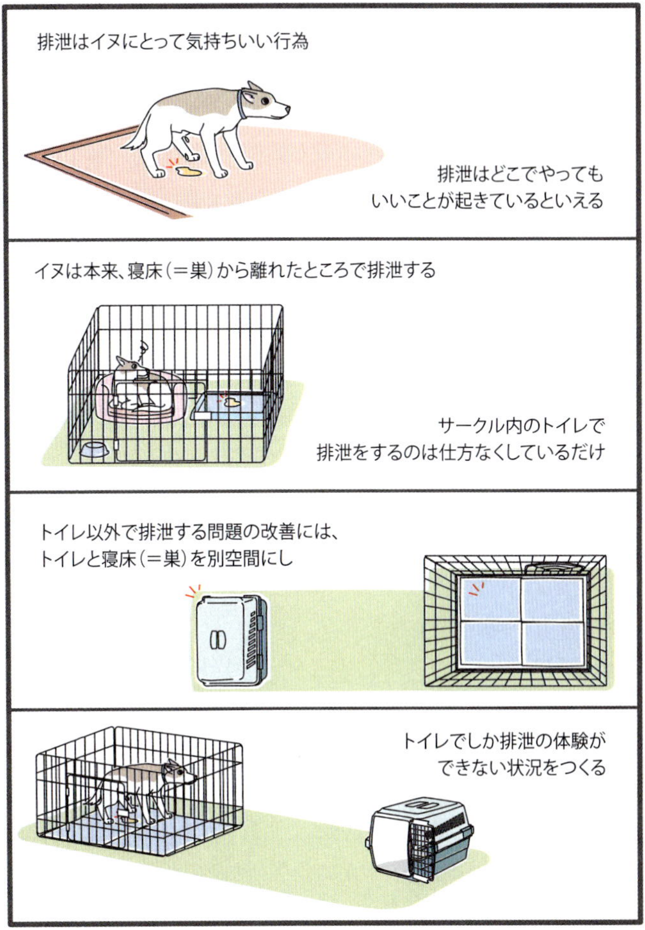
排泄はイヌにとって気持ちいい行為
排泄はどこでやっても
いいことが起きているといえる
イヌは本来、寝床（＝巣）から離れたところで排泄する
サークル内のトイレで
排泄をするのは仕方なくしているだけ
トイレ以外で排泄する問題の改善には、
トイレと寝床（＝巣）を別空間にし
トイレでしか排泄の体験が
できない状況をつくる

5-11

フードを食べない

ストレス カーミングシグナル 恐怖 不安 要求 その他

病気以外でフードを食べない理由は、大きく4つあります。

1つ目は、ストレス反応です。交感神経の作用でアドレナリンが体内を駆け巡ると、消化器系への血流がとどこおります。その結果、食べないというよりも食べられないという事態に陥ります。イヌがストレスを感じている刺激(対象)をなくすか、それらに慣らすかの対応が必要です。

2つ目は、学習によるものです。おやつを日常的にあげていると、ドライフードの魅力は相対的に減ってきます。目の前のフードを残すことも、食べないこともできてきます。そうしたときに、飼い主側が食べるものを探してしまうと、「目の前のフードを無視すると、もっとおいしいものがでてくる」という、結果的にいいことが起きた行動の頻度を高めるパターンが生じてしまうのです。

こうしたケースの対応は、おやつを一切あげずに、食べたくないのなら食べなくてもいいという態度。食べないようなら、食器もすぐに片づけるようにします。なかには3日間ぐらい食べない頑固なイヌもいますが、空腹が限界に達すればかならずだされたフードを食べるようになります。

残り2つは、トレーニング中にフードを口にしないケースです。1つは食うには困らないから働かないよ、といっているような場合です。対応としては、トレーニングの報酬として以外のフードは一切あげないようにします。フードを無視するのであれば、トレーニングをしなくてかまいません。これもなかには3日間ぐらい食べないイヌもいますが、やがて空腹のためかならずフードを食べるようになり、その結果トレーニングができるようになります。

働かないとやっぱり食っていけないので働きます、と変わるわけです。

　最後は、「顔を背ける」というカーミング・シグナルを発しているケースです。こちらは、110ページのカーミング・シグナルを発しているときの対応法を参考にしてください。

病気以外でフードを食べない理由は、大きく4つ
1つ目は…ストレス反応
食べないというより食べられない状態
2つ目は…学習によるもの
目の前のフードを無視すると、もっとおいしいものがでてくる、と学習したから食べない
残り2つはトレーニング中、
食うには困らないから働かないよ、といっているような場合
「顔を背ける」というカーミング・シグナルを発しているケース
そんなにストレスかけないでと訴えている

5-12

食糞をする

気持ちいい　確認　ストレス　その他

私の経験では、サークル飼いで飼い主が留守がちという場合、半数以上のイヌたちが3～4カ月齢で食糞を始めます。

原因は、**1**栄養不足(ミネラル不足)、**2**フードの未消化、**3**回虫、胃炎などによる胸やけ、**4**欲求不満(ひまつぶし)、などが考えられます。

どうやってやめさせるかですが、原因を突き止めるのには時間もかかるので、まずイヌにうんちを食べるような機会を与えないようにします。そのためには、イヌの排便時にはいつも立ち会える飼育環境に変えることです。

その飼育環境とは、クレート(小型犬ならプラスチック製のキャリーバッグ)を寝床、サークルをトイレとするものです。クレートで休ませる→クレートからでているときには、常に飼い主が見ていられる状態→目を離すときはクレート内で待機させる。この方法を徹底すれば、うんちをするときにはいつも飼い主がそばにいる状況をつくるわけです。イヌは体験を学習します。体験できなければ、それ以上学習もできません。

並行してミネラルを多く含んだ海草類入りの補助食を与える、フードを変える、なども試みることです。胃炎など治療が必要なケースもありますので、獣医師の検診も忘れないことです。

以上の対応を行えば、成長に従って食糞はしなくなります。かつての私のパートナー犬のプーは、獣医師のもとで保護されていたのを譲り受けたイヌでした。動物病院に2週間ほどいる間に、食糞が始まっていました。

譲り受けるときに獣医師から「食糞をなおさないとね」といわれ

ましたが、先に挙げた飼育方法を私は行いましたので、食糞自体を体験させずにすみ、習慣化が防げました。

　また、食糞防止のサプリメントなども市販されていますので、それらも試してみることです。効くこともあります。

イヌの食糞の原因は…

栄養不足（ミネラル不足）、
フードの未消化、
回虫、
欲求不満（ひまつぶし）など

イヌの食糞をやめさせるには、
まずはイヌにうんちを
食べるような機会を与えないこと

そのためには…

クレートを寝床、サークルをトイレとして、

目を離すときには
クレート内で待機させ、

イヌの排便時には
いつも立ち会える飼育環境に変える

5-13

草を食べる

気持ちいい　確認　うれしい楽しい　その他

ネコは基本的に猫草を用意してあげると、ほとんどのネコがそれを口にします。ネコは毛づくろいのために全身をなめ、自分の毛をのんでしまいます。猫草を食べる理由は、その草の刺激で毛玉を吐きだすところにあるわけです。

世の中には「イヌの草」と称されるものも販売されていますが、このイヌの草を用意しても、それを口にするイヌは少数です。すなわち、イヌの場合はネコのような本能的な行動ではないということがいえるのです。

昔は、胸焼けが原因などといわれていましたが、現在では食の改善や、駆虫および予防医療の普及などにより、そうした理由はまれといえるでしょう。

現在のイヌは、室内で飼われ、さらに人工的なドッグフードのみを口にしているため、人間同様ミネラルが不足しがちで、それを体が欲しているために、土や草を口にしたがるのではという説もあります。ただ、そうであれば、室内飼いでドッグフードを与えている多くのイヌが、そうした行動を示していいはずです。実際はそうではないので、こうした理由もまれなケースといえるでしょう。

いちばんの理由は、学習によるものといえるでしょう。イヌが異物を口にするのは珍しいことではありません。特に子イヌはなんでも口に入れたがるものです。ほとんどのイヌは成長過程で、草を口にするものです。たまたま、口にした草が苦ければ、二度と草を口にしないかもしれません。逆に、口にした草が苦くもなく、食べられたとなれば、草を口にする頻度は高まります。

問題は、道ばたの草には除草剤や農薬などが付着していたり、また植物によっては毒性のあるものがあることです。中毒などの事故を起こさないように、口にしそうな草には近づかないなど、注意することです。

ネコが猫草を食べるのは、
毛玉を吐きだすため
CAT
DOG
「イヌ草」を与えても食べるイヌが少数なのは、
本能的な行動ではないから
イヌが草を食べるのは、成長過程の学習によるもの
食べられる!
苦い!
道ばたの草には除草剤や農薬が付着していたり、
毒性の植物もあるので
極力口にさせないよう注意する

5-14

シッポを追いかける

ストレス　不安　うれしい楽しい　興奮　確認　その他

お尻のほうに目を向けると、ふさふさしたなにかがある。何者なのかにおいも嗅ぎたいし、噛んで確認もしたい。そこで、鼻先を近づける。鼻先を近づけようとしたら、相手が逃げる。逃げるものを追いかけて噛みつこうとするのは、イヌの習性。かくして、シッポを追ってくるくると回る。こうした、シッポを追いかける行動は、子イヌの成長段階でよく見られます。

ただし、どこかで歯が当たったりして、それが自分の体の一部だと気がつくのか、あるいは、単純に結果的にいやなことが起きたからなのか、いいことが起きないからなのか、シッポを追いかける行動はほとんどのイヌで成犬になるまでに消失していきます。

問題になるのは、成犬になってもその行動が見られる場合です。シッポを追いかけるのはもちろんですが、単純にくるくる回る行動として残るケースもあります。

原因は、運動不足や飼い主とのコミュニケーション不足、スキンシップ不足などから生じるストレスです。

対応策としては、引っ張りっこ、取ってこい、散歩など、運動量を増やし、飼い主とコミュニケーションがとれる関係の中で、ストレスを発散させることです。

それと並行して、適切なしつけを行うことです。飼い主との生活のさまざまな場面でどうしたらいいかをイヌに伝えていければ、日々不安なく暮らしていけます。飼い主との信頼関係も構築でき、その結果ストレスも軽減できます。

なかにはシッポを噛んでしまって、毛が薄くなったり、さらには常に傷ついているなどといったケースもあります。ここまでくると、人間でいう自傷行為と同じです。常同行動（同じ行動や行為を目的もなく何度も繰り返し続けること）にくわしい獣医師の治療が必要となります。

逃げるものを追いかけて
噛みつこうとするのはイヌの習性
シッポを追いかける行動が、
1歳を越えても残るときはストレスが原因
改善するには、
遊びや散歩など運動量を増やし
ストレスを発散させる
また、適正なしつけを行うことでストレスを軽減する
毛が薄くなったり、
常に傷ついているような場合は、
専門の獣医師の治療が必要

5-15 リードをつけると攻撃的になる

威嚇・警告　ストレス　恐怖　怒り　その他

私のかつてのパートナー犬のプーは、初期の社会化期における他犬とのコミュニケーションの仕方の学習が欠けており、かつ成長期にシェパードに襲われるという体験をしてから、一時期、自分より大きなイヌにはすべて、さらには小さくても動きのちょこまかしたイヌにも、攻撃性を見せるようになっていました。

ひどいときは、散歩中、相手との距離5メートルのすれ違いができないような状況でした。

そんなプーですが、ドッグランのようなフリーな状態にできるところでリードを外すと、攻撃性はほとんど見せないのです。リードをつけると攻撃性が高まる。これはなにもプーにかぎった話ではありません。

理由はこうです。第4章でパーソナル・エリアの考え方、闘争距離、逃走距離の話をしました。さらに、それらの距離は状況によって変わるということも述べました。リードをつけているときと外しているときでは、このパーソナル・エリア、闘争距離、逃走距離が変わります。

リードが外れていれば、相手との距離をうまくとれますが、リードがつけられているとそれができない。このことをイヌはよく知っているのです。相手との距離が同じでも、リードが外されていれば逃走距離になり、リードをつけられていれば闘争距離になる。同じ距離でも、そう変化するということです。

こうしたことを、意識的ではなく、なんとなく利用してつくりあげられていたのが番犬たちです。番犬たちだって、社会化期は警戒心より好奇心のほうが強いので、それほど攻撃性は見せません。しかし、社会化期を終えて警戒心のほうが強くなると、テリトリーに近づく人間を警戒するようになります。自由な状態ならば逃げて距離をとれますが、残念ながら鎖でつながれていて、それができないのです。結果、攻撃性を見せるようになるわけです。

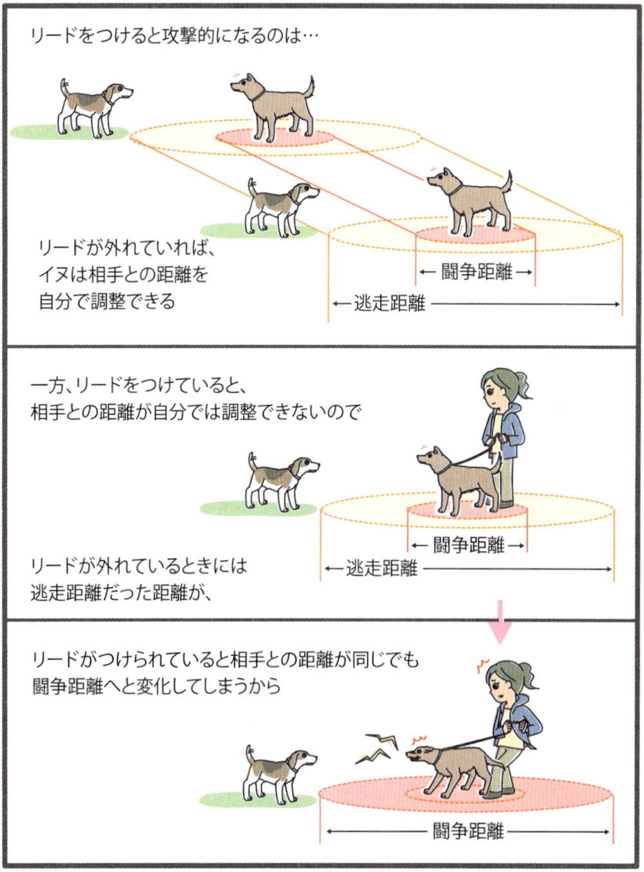
リードをつけると攻撃的になるのは…
リードが外れていれば、
イヌは相手との距離を
自分で調整できる
← 闘争距離 →
← 逃走距離 →
一方、リードをつけていると、
相手との距離が自分では調整できないので
← 闘争距離 →
← 逃走距離 →
リードが外れているときには
逃走距離だった距離が、
リードがつけられていると相手との距離が同じでも
闘争距離へと変化してしまうから
← 闘争距離 →

ワン話休題

問題のある行動ってどんな行動？

飼い主にとって問題かどうか？　世の中にとって問題かどうか？　イヌにとって問題かどうか？

私は、その行動が問題行動といえるかどうか、改善すべきかどうかは、この３つの視点から判断します。

たとえば、家の中の吠え。飼い主は気にならない、近所迷惑にもなっていない、イヌにも問題は生じてない……であれば、特に改善する必要はないかもしれません。ただ、家で吠えているということは、旅先の宿などでも吠える可能性は高いわけで、そうなると世の中に迷惑をかけるという事態が生じてくるわけです。同じ行動でも、生活スタイルによって問題かどうかは変わってくる、そういうことでもあるのです。

吠えの改善のためにスクールに通われた生徒さんの中に、過去こうした方もいました。飼い主は気にならない、近所迷惑というほどでもない、ただ獣医師から「気管系統が弱いのでなるべく吠えさせないように」と指導を受けたのです。

吠えるのは「飼い主の姿が見えなくなったとき」ですが、これは、イヌが不安になりやすいという問題がその根底にあり、気管系統の問題がなくても改善の努力をしてあげたほうがいい、ということになります。

飼い主は気づかなくても、改善しないとイヌがかわいそう、そういった問題はたくさんあります。そうしたことに気づくことができるようになるためにも、しつけ教室に一度通われてみることをお勧めします。

第6章

吠えを考える

6-01

吠える

うれしい楽しい　怒り　ストレス　要求　警戒　不安　興奮　その他

イヌの吠えから、その心理を読み取る簡単なアプローチ法として、私は次の方法を提唱しています。それは、吠えを音楽と同じようなものと考えるのです。

イヌたちの吠え声でまず注意すべきは、その声の高さです。イヌたちは、1匹1匹が声の高さの幅をもっています。その幅の中で高いほうの声は、自分を小さい、幼い、弱い存在として、相手に伝えたいときに使います。

よくマンガなどで、シッポを巻いて逃げるイヌのふきだしに、「キャインキャイン」などと書かれていたりします。あれは高い声を表しています。クレートに入っているイヌが飼い主の気を引くときなどには、鼻を鳴らすようにピーピー鳴きます。いずれも弱い存在、幼い存在ということをアピールしているわけです。

逆に低い声をだすときは、自分をなるべく強く、大きく見せたいとき。うなるのはまさにそれです。高い声でうなる、といったことはありません。ウォンウォンと吠えるのも、相手に対して「俺は強いぞ、あっちへ行けよ！」と言っているようなものです。

次に注意すべきは、そのテンポ。吠える速さは、興奮の度合いを表しています。人間の世界では、よく「まくし立てる」などという言い方がありますが、まさにそれと同じです。ゆっくり吠えているのは、意外と冷静なときです。退屈しのぎに吠えるイヌは、決して速く吠えたりはしません。

さらに強さ。強く相手に伝えたいか、そうでないかの違いがわかります。強弱は、感情の激しさを表しているのです。

最後は間《ま》、すなわち休符がどんな感じで入るか。息継ぎだけの休みという感じなら、興奮度が高く、逆に間があく感じなら、相手や周囲の反応を見ているのです。

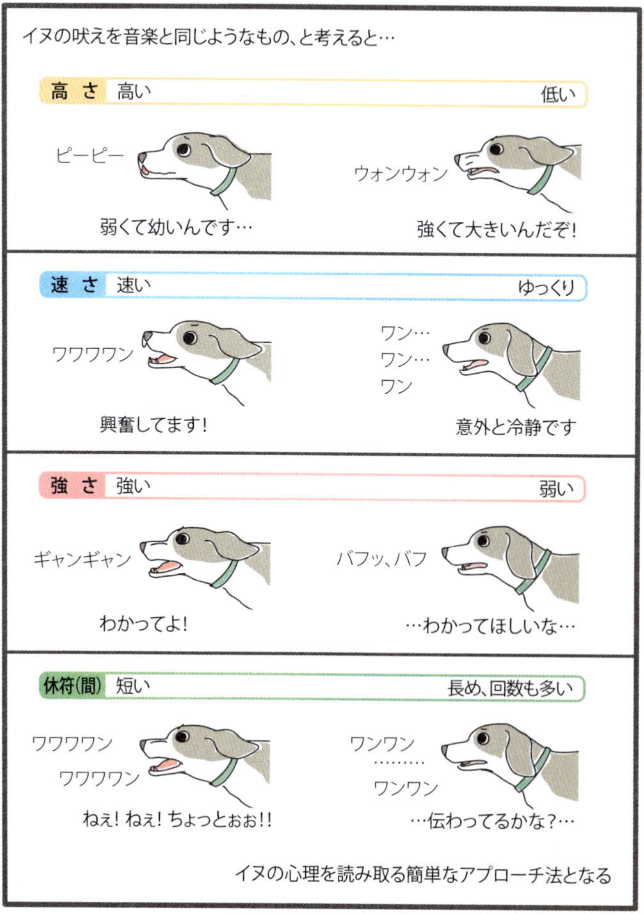
イヌの吠えを音楽と同じようなもの、と考えると…
高さ
高い
低い
ピーピー
ウォンウォン
弱くて幼いんです…
強くて大きいんだぞ!
速さ
速い
ゆっくり
ワワワワン
ワン…
ワン…
ワン
興奮してます!
意外と冷静です
強さ
強い
弱い
ギャンギャン
バフッ、バフ
わかってよ!
…わかってほしいな…
休符(間)
短い
長め、回数も多い
ワワワワン
ワワワワン
ワンワン
………
ワンワン
ねえ! ねえ! ちょっとおお!!
…伝わってるかな?…
イヌの心理を読み取る簡単なアプローチ法となる

6-02

不安 要求 その他

鼻を鳴らす

飼い主の姿が見えなくなると、鼻を鳴らすイヌがいます。

キューキュー、ピーピー、音程は明らかに高い。自分を小さく、弱い存在と見せたいのは明らかです。ねえ、マーマー、ママー、と甘えているようなものです。

子イヌ時代は、実際に小さくて弱い存在ですから、この鼻鳴きをよくします。というか、生まれて間もないイヌたちは、ワンワンと鳴けず、こうした鳴き方しかできません。

この時期の鳴きは本能によるものですが、大人になってもこの鼻鳴きを頻繁にするか、それともまれにしかしないかは、性格および成長過程での体験、すなわち学習によって決まるようです。

テンポに注目すると、乳幼児期を過ぎての鼻鳴きの場合は、多くは速くありません。演技している状態ともいえるわけで、意外と冷静だということです。乳児期のそれは、人間の赤ちゃんが泣くのと同じようなもので、速さを感じます。

間、休符はどうでしょう？　乳幼児期を過ぎての鼻鳴きの場合は、かなり休符が入ります。飼い主やまわりの反応を見ているのです。これも乳児の場合は、息継ぎのためだけの休符が入る感じです。

強さはというと弱く、抑制を利かせている感じがします。これも乳児期の場合は人間の赤ちゃんが泣くのと同じで、要求が強い場合には激しい感じで鳴きます。

乳幼児期を過ぎての鼻鳴きは、ある意味とても穏やかな要求吠えととらえることもできます。要求が激しくなり、抑制が利かなくなってくると、ワンワンという吠えに変化することも少なくありません。ハウスからだしてほしい場合などで、さらにエスカレートすると、ギャンギャンといった鳴き叫びに変化することもあります。

いずれも、要求吠えの一種ですので、基本は無視するという対応がベストとなります。

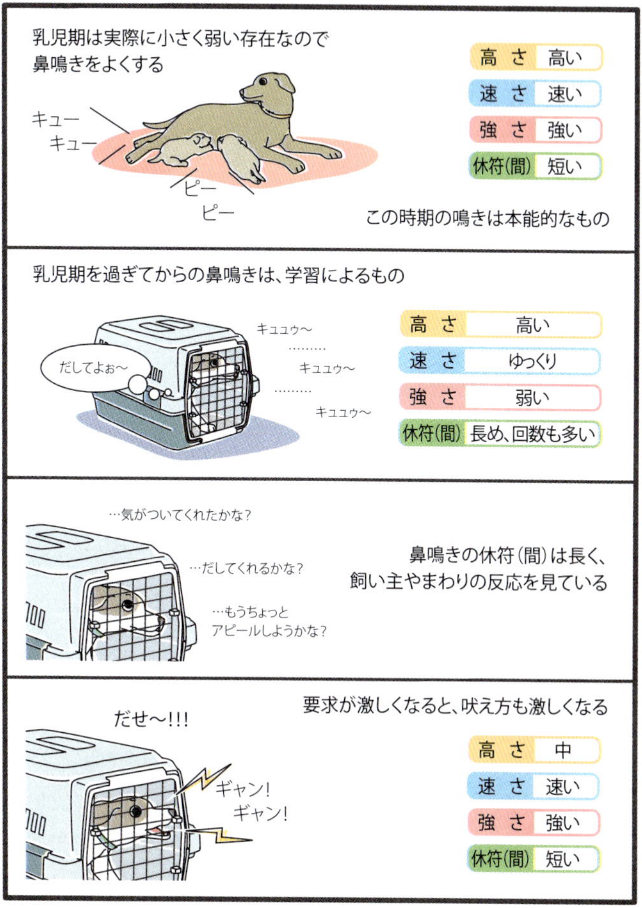
乳児期は実際に小さく弱い存在なので
鼻鳴きをよくする
キュー
キュー
ピー
ピー
高さ　高い
速さ　速い
強さ　強い
休符(間)　短い
この時期の鳴きは本能的なもの
乳児期を過ぎてからの鼻鳴きは、学習によるもの
だしてよぉ～
キュユウ～
キュユウ～
キュユウ～
高さ　高い
速さ　ゆっくり
強さ　弱い
休符(間)　長め、回数も多い
…気がついてくれたかな？
…だしてくれるかな？
…もうちょっと
アピールしようかな？
鼻鳴きの休符(間)は長く、
飼い主やまわりの反応を見ている
要求が激しくなると、吠え方も激しくなる
だせ～!!!
ギャン!
ギャン!
高さ　中
速さ　速い
強さ　強い
休符(間)　短い

6-03 外にいるイヌが家の中に向かって吠えている

要求　うれしい楽しい　その他

最近は室内飼いが増えていますので、こうした光景を見る機会は都市部では少なくなりました。この場合の吠えは、飼い主の出方を見ていますので、休み休み吠えている感じがします。声の高さは中程度で、テンポもそれほど速くはありません。

さて、このイヌに対して、カーテンを開け、窓を開け、「ウルサイ！」としかりつけるという対応は、イヌの思うツボです。吠えた結果、飼い主が現れる。すなわち、いいことが起きるのですから。

いくらしかっても直らない、とよく相談を受けますが、直るどころか吠えればいいことが起きる、ということを教えているのと同じです。

第5章の飛びつきの項（160ページ）でお話ししていますが、「しかられること」も状況によってはイヌにとっての「いいこと」となりえます。なにも起きない状況よりも、たとえそれが「しかられる」ことでも、行動の頻度を高める「いいこと」になってしまうのです。

しかられることが、いいこととなる。

こうした心理は、親や教師の注目を集めたいがために、しかられるのを承知で「いたずら」を繰り返す、そんないたずらっ子の心理と同じようなものです。

極端な例を挙げれば、世間からうとまれ続けていた人間が、世間から注目を浴びるために死刑も覚悟で凶悪犯罪を犯す。そうした罪人の心理にも通ずるものがあるといえるでしょう。捕まって記事になることが、なにも起きないことよりもうれしいのです。

庭で吠えているなどといったケースは、もっぱら「むだ吠え」というレッテルを飼い主は貼りたがりますが、どうです、こうしたケースでもおわかりいただけるでしょう。イヌの吠えにはむだな吠えなんてないことが。

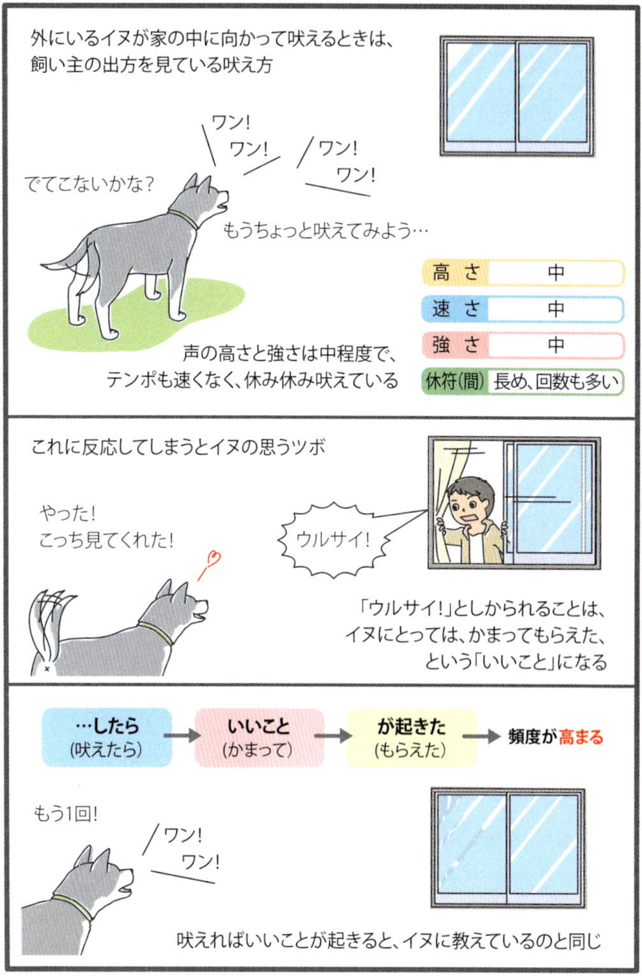
外にいるイヌが家の中に向かって吠えるときは、
飼い主の出方を見ている吠え方
ワン!
ワン!
ワン!
ワン!
でてこないかな?
もうちょっと吠えてみよう…
高さ　中
速さ　中
強さ　中
休符(間)　長め、回数も多い
声の高さと強さは中程度で、
テンポも速くなく、休み休み吠えている
これに反応してしまうとイヌの思うツボ
やった!
こっち見てくれた!
ウルサイ!
「ウルサイ!」としかられることは、
イヌにとっては、かまってもらえた、
という「いいこと」になる
…したら (吠えたら)
いいこと (かまって)
が起きた (もらえた)
頻度が高まる
もう1回!
ワン!
ワン!
吠えればいいことが起きると、イヌに教えているのと同じ

ワン話休題

コンテクスト

たとえば、日本語の「カキ」。

この「カキ」は、書きなのか、下記なのか、柿なのか、夏期なのか、夏季なのか、花器なのか、牡蠣なのか、火器なのか……。もちろん漢字で記せば、その意味はすぐに特定できます。でも、会話の中ででてきても、私たちはその「カキ」の意味をほとんどは特定できます。

「おいしそうなカキが食後にだされた」。この文章のカキを、火器に間違えることも、花器に間違えることも、まして夏期に間違えることもありません。それはその話の設定や、前後の言葉の組み合わせなどで、なんなのかがわかるからです。

こうした、話の設定や前後の言葉の組み合わせなどを、**コンテクスト**といいます。日本語では「文脈」と訳されることが多いのですが、広くは、前後関係、背景、状況、場面といったものまで含みます。

イヌの吠えも、このコンテクストに注目することが、より正確に心理状況を読み取るためには欠かせません。

その声の高さ、テンポ、強さ、休みの間の分析に加えて、どんな状況なのか、前後になにが起きているのかにも着目する。たとえば、「高い声で、速くはなく、でも激しく、そして、休み休み吠えている」というのが、もし庭にだしたイヌがそう吠えていて、いつもその結果飼い主が姿を見せているのであれば、その吠えは「ねぇ、ねぇ、お母さんってば、入れてよ。ねぇ、ねぇ、入れてってば」といった感じの、明らかな要求吠えだということが特定できます。

このコンテクストへの着目は、吠えの分析に役立つだけではありません。しぐさや行動の、より正確な読みにも欠かせないものでもあるのです。

どんな状況でそのしぐさや行動を見せたのか、そのしぐさや行動の前後になにが起きているのか。これらを、いままで以上に意識すれば、イヌの心理状態はより正確に、しかもより深く理解できるようになるはずです。

コンテクストとは、話の設定や前後の言葉の組み合わせ

おいしそうなカキが
食後にでたの

**コンテクストに着目することは、
イヌの心理状態をより正確に読み取るのに欠かせない**

イヌの吠え方に加えて、状況、前後になにが起きているか、に着目すると…

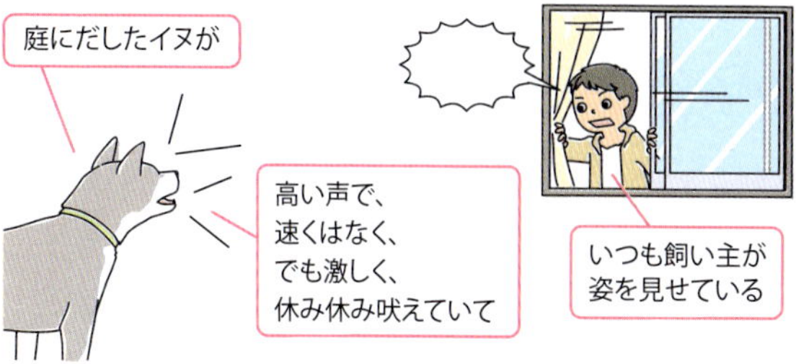
庭にだしたイヌが
高い声で、
速くはなく、
でも激しく、
休み休み吠えていて
いつも飼い主が
姿を見せている

この吠えは要求吠えと特定できる

6-04

遠吠えをする

興奮　確認　うれしい楽しい　その他

遠吠えは、成長段階のどこかで、特定の周波数帯の、それも途切れることのない長めの音を耳にすると、それに呼応してしまう遺伝的なメカニズムがあり、なにかをきっかけにその学習のスイッチが入るものと考えられます。そして、その学習のスイッチは、成長段階のどこかかぎられた時期でしか入らないのです。

私のパートナー犬のダップは、1歳前に、一度だけ救急車のサイレンに「うぉぉぉーん」と反応しました。遺伝的なメカニズムのスイッチがそのとき入ったわけです。しかし、ここからが重要です。

ダップの「うぉぉぉーん」と叫んだ行動に対して、なんの結果ももたらされなかったのです。行動の頻度が高まるのは、その行動の結果「いいことが起きたか」「いやなことがなくなったか」のどちらかです。ダップの場合、遠吠えはしてみたけれど、なにも起こらなかった。結果がともなわなければ、学習は進みません。以降、ダップは遠吠えのような吠えを、1回もしていません。

外飼いが多かった時代は、違います。どこかのイヌが遠吠えすることによって、遺伝的なメカニズムのスイッチが入ります。それに呼応して遠吠えをすると、コールアンドレスポンスのように、ふたたび遠吠えが返ってくる。ここにレスポンスという「いいこと」が起きるわけです。その結果、遠吠えの学習は自然と進んでいきます。

室内飼いが多い現在においては、そうした自然の遠吠えを学習する機会が少なく、ほとんどのイヌは遠吠えをしません。

しかし、まれにこの遠吠えを学習するメカニズムに、飼い主の歌や楽器、サイレンなどによってスイッチが入り、飼い主が喜ぶ、大騒ぎするといった結果がともなうことで、学習が進んでいくケースもあります。

よくテレビなんかにでてくる、楽器に合わせて歌うイヌなどが、これにあたるわけです。

6-05

吠えグセがある

警戒　要求　不安　興奮　その他

そもそもイヌは、生まれつき吠えるような遺伝子をもって生まれてきているのです。しかし、吠える遺伝子をもってはいても、すごく吠えるイヌから、そうでもないイヌまでいます。同じ親から生まれてきているのに、すごく吠えるイヌも、そうでもないイヌもいます。その違いはどこにあるかといえば、これも学習によるものといえます。

遺伝子というのは、すべてを決めているわけではありません。その才能があるとか、その傾向が強いとか、という程度のことを決めているにすぎないということです。

どんなに音楽の才能があっても、それを伸ばす環境がなければ、その才能は花開かない。それと同じです。また、前項の遠吠えのところで触れていますが、発達段階のどこかで吠えることを学習するスイッチが入る。このスイッチがある時期に入らないと、その後の学習が進みにくいのも、遠吠えと同様です。

警戒吠えのスイッチが入りやすいのは、社会化期が終わる4～5カ月齢から1歳まで、というのが私の印象です。吠えるイヌは、その時期から吠え始め、学習をしていくように感じます。

もちろん、スイッチが入っても、吠えた結果なにごとも起きなければ、吠える行動の学習はそれほどは進まないわけです。

ここで知っておいてほしいのは、自然にまかせた環境、すなわち飼いっぱなしの状態というのは、スイッチが入りやすく、しかも学習も進みやすいということです。スイッチが入りやすいのは、社会化期の社会化が不十分な場合です。人間社会の刺激に慣れていないわけですから、社会化を十分にしていたイヌよりも、警戒心が強く吠えやすくなっているということなのです。

そして、音や物、人などに対して、吠えることで吠えた対象が結果的になくなる、いなくなるという体験を繰り返し、そのイヌの吠えはどんどんひどくなっていくのです。

よく、吠えグセといいますが、そのクセをつけてしまったのは飼い主自身ということも理解すべきです。

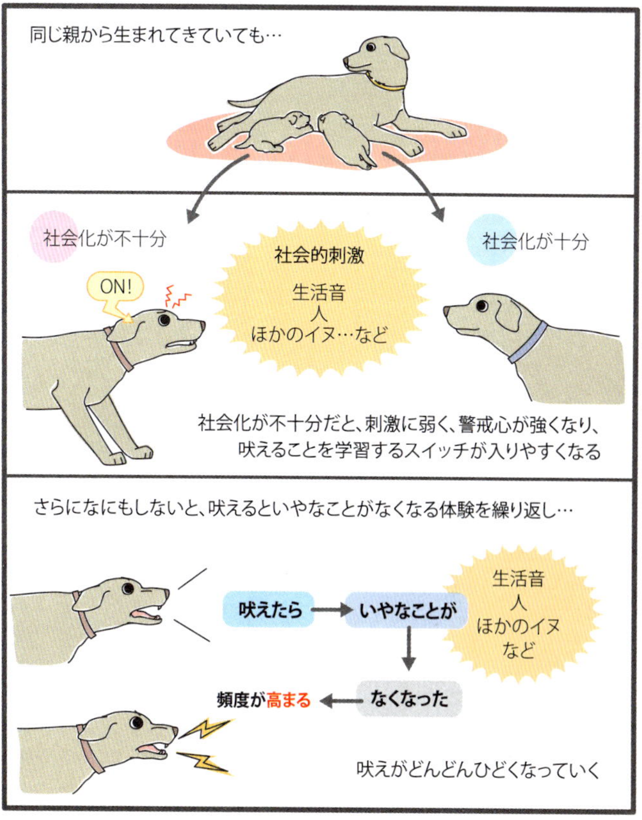
同じ親から生まれてきていても…
社会化が不十分
社会化が十分
ON!
社会的刺激
生活音
人
ほかのイヌ…など
社会化が不十分だと、刺激に弱く、警戒心が強くなり、
吠えることを学習するスイッチが入りやすくなる
さらになにもしないと、吠えるといやなことがなくなる体験を繰り返し…
吠えたら
いやなことが
生活音
人
ほかのイヌ
など
なくなった
頻度が高まる
吠えがどんどんひどくなっていく

6-06

うなる

威嚇・警告 警戒 怒り 不安 恐怖

現在は、オオカミとイヌは共通の祖先を有しているが、その行動や習性は多くの面で異なるといわれます。オオカミはこうだから、イヌもこう、と決めつけるのはナンセンスである、というのが正しい考え方です。

オオカミはワンワンとは吠えません。彼らの音声コミュニケーションの種類は、うなりと遠吠えがおもなものです。

オオカミは生態系の上位に位置しますので、他者を吠えて追い払う必要がありません。狩りにおいても、追い詰めて仕留めればいいだけですから、ワンワン吠える必要はありません。

そもそもイヌは進化の過程でオオカミから直接的に枝分かれしたのではなく、その間に人間との逃走距離の短い、しかも吠えるという行動を得た中間種がいたのではないか、という説もあります。この中間種の吠えるという行動を、人間側は利用できた。だから、家畜化していった、と。まさにイヌがワンワン吠えるのは、そうした行動を高めるよう選別交配、改良を人間がしてきたからにほかならないということです。

確かに、生態系の上位に位置するオオカミを家畜化することは、その危険性や労力、それに対するメリットはなんなのかを考えると、納得のいく説明は難しいでしょう。

もっとも、もはやオオカミとイヌは同じではないとはいえ、うなる行動に関しては、オオカミとの共通の祖先から受け継いできた行動の1つに間違いはありません。

イヌの場合も、多くは鼻の上にしわを寄せ、犬歯をちらつかせます。音程は低く、自身を大きな存在と伝えようとします。初めは小さくうなりますが、威嚇や警告の度合いによって、うなり声は大きくなります。威嚇や警告を発しているわけですから、手をだせば噛まれる危険性大となりますので、十分な注意が必要となります。

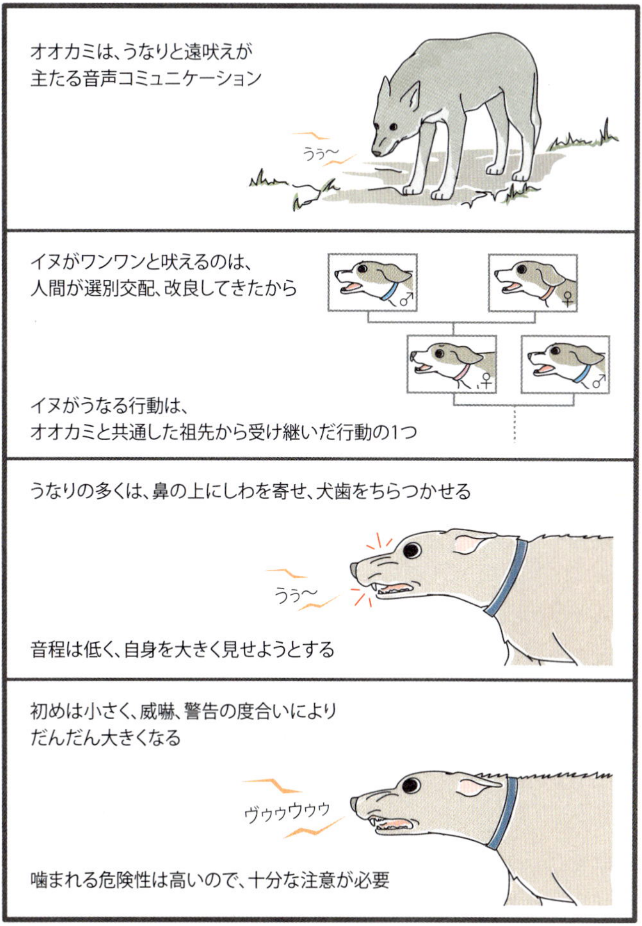
オオカミは、うなりと遠吠えが
主たる音声コミュニケーション
うう～
イヌがワンワンと吠えるのは、
人間が選別交配、改良してきたから
♂
♀
♀
♂
イヌがうなる行動は、
オオカミと共通した祖先から受け継いだ行動の1つ
うなりの多くは、鼻の上にしわを寄せ、犬歯をちらつかせる
うう～
音程は低く、自身を大きく見せようとする
初めは小さく、威嚇、警告の度合いにより
だんだん大きくなる
ヴゥゥウゥウ
噛まれる危険性は高いので、十分な注意が必要

6-07

飼い主の留守中吠えている

気持ちいい　ストレス　不安　興奮　要求　その他

むだ吠えは存在しません。吠えるという行動はすべて、結果的にいいことが起きているか、いやなことがなくなっているか、のどちらかです。

たとえば、飼い主が留守の間ずっと吠えている場合。

なにもしないと不安で、なにかをしていると不安がやわらぐ。人間でもこうしたことはままあります。吠えることで不安が少なくなる、すなわちいやなことが軽減できる。

さらにずーっと吠えていると、気持ちがよくなる場合もあるのかもしれません。同じリズムで一定の行動をしていると、快感を生みだすβ-エンドルフィンという脳内物質がでるという説がありますので、吠えることでそれが生じる可能性もあります。

別の学習をするイヌもいます。ずーっと吠えていたら、飼い主が帰ってきた。飼い主は吠えていたから帰ってきたわけではないのですが、結果的に吠えていたらいいことが起きた、あるいは不安が解消された。

留守中吠えているイヌの中には、こんなのもあります。

ちょっとした音や気配を感じて吠えているというケース。音や気配をテリトリーに侵入してくる何者かかもしれないと感じ、追っ払っている。しかも、毎回それは成功するわけです。

いずれにしても、放っておくわけにはいかないでしょう。近所迷惑でもあるし、不安な心理状態になっているイヌがかわいそうです。

吠えている理由はともあれ、次の2つのトレーニングをすることで、事は改善していきます。クレートに布をかけ、飼い主の姿が見えない状況でも待機できるトレーニング。それと、飼い主がその部屋からでていっても「フセ」を維持できる、「マテ」のトレーニングの2つです。この2つのトレーニングを進めていけば、お留守番は少しずつですが、じょうずにできるようになっていきます。

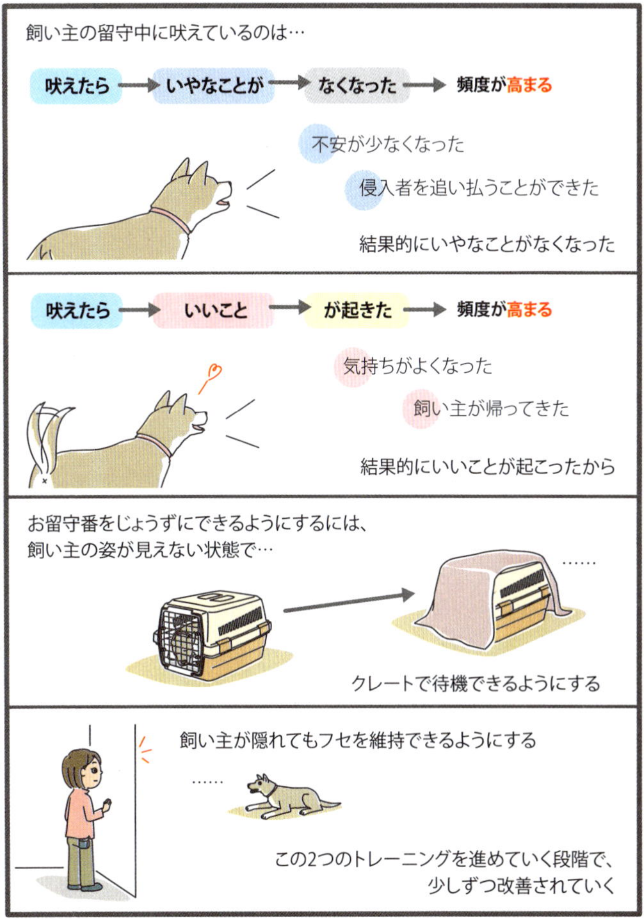
飼い主の留守中に吠えているのは…
吠えたら → いやなことが → なくなった → 頻度が高まる
不安が少なくなった
侵入者を追い払うことができた
結果的にいやなことがなくなった
吠えたら → いいこと → が起きた → 頻度が高まる
気持ちがよくなった
飼い主が帰ってきた
結果的にいいことが起こったから
お留守番をじょうずにできるようにするには、
飼い主の姿が見えない状態で…
……
クレートで待機できるようにする
飼い主が隠れてもフセを維持できるようにする
……
この2つのトレーニングを進めていく段階で、
少しずつ改善されていく

6-08

夜鳴きをする

不安
要求

20年以上前の話ですが、ほぼ10年間にわたり、2カ月齢未満のイヌを500頭以上、自宅で1週間ほどケアした経験があります。その経験でいえば、夜リビングにイヌを残していくと、キューキューいう軽度の夜鳴きが3～4割で、1割程度はギャンギャン泣き叫ぶひどい夜鳴きをします。

当然といえば当然で、人間でいえば2～3歳の幼児を、理由もわからない状態で連れてきてしまうわけですから。極端な言い方をすれば、拉致のようなもの。不安で、ママー、ママー、としくしく泣きだしたくなる、なかには激しく泣き叫ぶ子イヌがいるのも、うなずけるというものです。

私自身初めのころはどうしたらいいかわからず、それこそ夜も眠れずに困ったものです。しかしいろいろ試してみることで、やがてどうにか夜鳴きに悩まされずにすむようになりました。

試行錯誤の末にたどり着いた妙策は、連れてきたクレートに布をかけ、中を暗くして、私の寝息が感じられるように寝室で、それもベッドから手の届く位置で寝かせてあげる方法でした。

鳴いたらクレートをぽんぽんとたたきます。すると、多くがすぐに鳴きやみ、その繰り返しで、結果的に1週間以内に夜鳴きは消失していきました。

逆に夜鳴きが収まらないのは、サークルで休ませる方法です。その中にトイレとベッド、そして置き場所はリビングというのが最悪。まわりは素通しで、夜は1人ぼっちというのが丸わかりとなってしまう。そもそもサークルというのは、外から中が丸見えで、寝床（＝巣）と感じにくいわけです。ゆっくりと眠ることもできません。

　将来、激しい要求吠えに悩まされたり、分離不安的な吠えに悩まされたりするかどうかは、飼い始めの1週間の対応次第。なにごとも最初が肝心ということです。

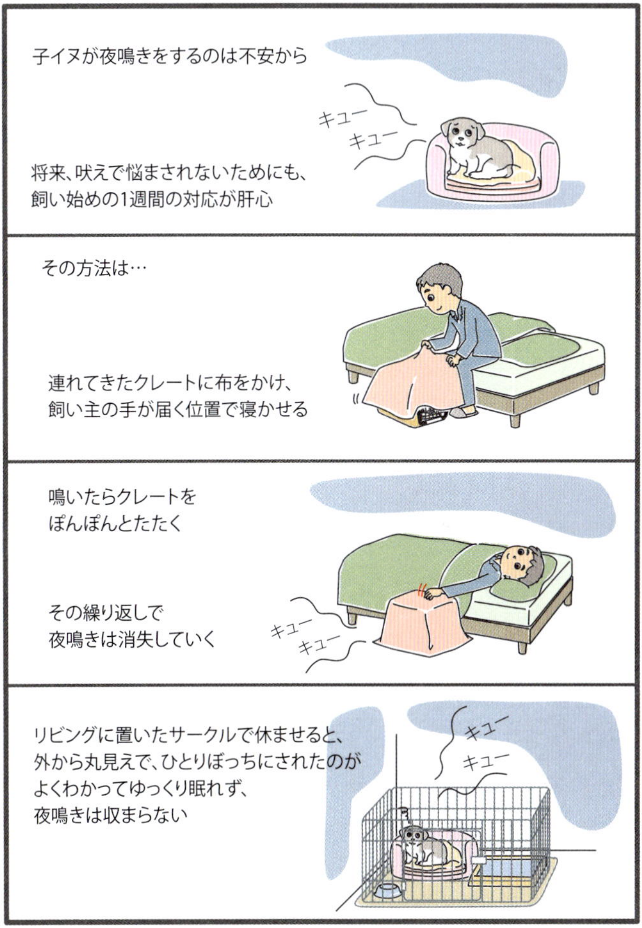
子イヌが夜鳴きをするのは不安から
キュー
キュー
将来、吠えで悩まされないためにも、
飼い始めの1週間の対応が肝心
その方法は…
連れてきたクレートに布をかけ、
飼い主の手が届く位置で寝かせる
鳴いたらクレートを
ぽんぽんとたたく
その繰り返しで
夜鳴きは消失していく
キュー
キュー
リビングに置いたサークルで休ませると、
外から丸見えで、ひとりぼっちにされたのが
よくわかってゆっくり眠れず、
夜鳴きは収まらない
キュー
キュー

6-09

明け方に吠える

要求　警戒　その他

イヌは前ぶれを感じ取るのが得意です。たとえば、飼い主が起きる直前に新聞屋さんがきている。たまたま吠えたら飼い主が起きてきた。新聞屋さんの気配（前ぶれ＝先行刺激）→吠える（行動）→飼い主が現れる（結果）。ここに三項随伴性（86ページ参照）が見事に成立し、イヌは新聞配達の気配を感じると、毎回吠えるようになるわけです。

別の要因の場合もあります。近所のイヌの散歩の気配に反応して、吠え立ててしまうような例です。ほかのイヌが苦手なイヌは、吠えることで相手を追い払えたということで、次回も吠えるようになります。ほかのイヌが平気なイヌは、「遊ぼ！」と吠えたことに対して直接の結果がともなわないのですが、飼い主が「静かにして！」などと現れる、それがいいこととなってしまうのです。

いずれにしても解決策は、吠えのきっかけとなっている前ぶれの刺激を感じさせないということです。ところが、事はそう簡単にはいきません。実際のきっかけや前ぶれは、飼い主が寝ている時間に生じているわけで、特定するのが困難だからです。

でもご安心ください。実はきっかけや前ぶれは特定できなくても、解決できるのです。

きっかけや前ぶれとなるような刺激は、家の周囲で起きる音や視覚的情報がほとんどです。新聞屋さんの気配然り、家の中に差し込む太陽の光然り、近所のイヌのお散歩の音然りです。

そうした刺激をいちばん感じにくいところで、イヌを休ませればよいのです。そして、そこはどこかというと、家でいちばん静かな場所。多くは飼い主の寝室になります。そう、前項の夜鳴き対策と同じことをすればいいということです。

　なかには、2階の飼い主が起きると吠え始め（イヌは1階のリビングのサークルにいる）、飼い主の顔を見るまで吠え続けるイヌもいて、そうした吠えに悩む飼い主もいますが、このケースも先の方法で解決します。なぜなら、飼い主が起きる気配を感じたときに、飼い主の顔はすでにそこにあるわけですから。

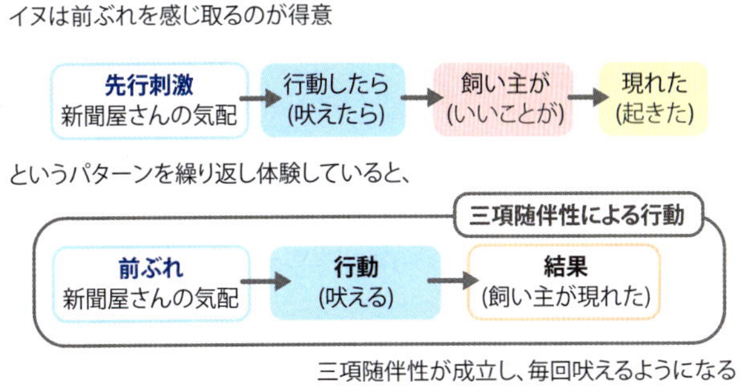
イヌは前ぶれを感じ取るのが得意
先行刺激
新聞屋さんの気配
行動したら
(吠えたら)
飼い主が
(いいことが)
現れた
(起きた)
というパターンを繰り返し体験していると、
三項随伴性による行動
前ぶれ
新聞屋さんの気配
行動
(吠える)
結果
(飼い主が現れた)
三項随伴性が成立し、毎回吠えるようになる

解決策は、吠えのきっかけになる
前ぶれの刺激を感じさせないこと

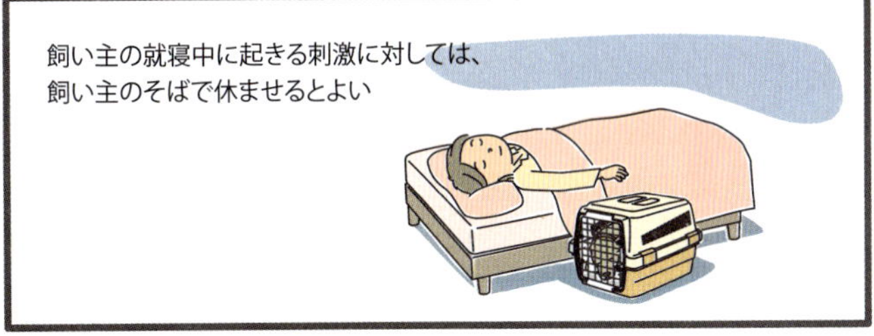
飼い主の就寝中に起きる刺激に対しては、
飼い主のそばで休ませるとよい

6-10 鏡に吠える

要求　威嚇・警告　その他

これは大人になる通過儀礼のようなもの。多くのイヌが一時期、鏡に映る自分の姿に吠えるようになります。そして、やがて無関心になっていきます。

心理学では、体におしろいや塗料を塗った姿を鏡で見せ、どんな反応をするかという実験をいろいろな動物でやっています。体についたそのおしろいや塗料を取ろうとすれば、鏡に映った姿が自分だとわかっている証拠だということです。

私は動物心理学会のシンポジウムで、イノシシの実験の映像を見たことがあります。イノシシの体に塗料を塗って鏡を見せるのですが、イノシシはテリトリー内に他者が侵入してくると、攻撃する習性があります。なんの配慮もせず鏡を見せれば、イノシシは鏡に突進し、鏡を壊してしまうのは必至です。そこでその実験では、イノシシを檻《おり》に入れ、その檻の外に鏡を置くようにしていました。

結果は予想どおり。鏡に突進しようとイノシシは檻にぶつかっていました。しかし鏡に映っている相手は逃げるわけでもなく、ずーっとそこにいるので、やがてイノシシは鏡に無関心になり、鏡の前で寝てしまいました。結果がともなわない行動はやがてとらなくなるという、学習理論どおりのことが起きたわけです。

突進こそしませんが、イヌの反応は、このイノシシと同じようなものです。目の前に現れたイヌの姿に反応し、「あっちへ行け！」または「遊ぼうぜ！」と吠えます。しかし、吠えてもなにも起きない。その結果、イヌはやがて鏡に映った自分の姿に無関心になっていくのです。

ついでながら、この実験からは、イノシシもイヌも、鏡に映っている姿が自分だと理解していないことがわかります。この実験を通して、鏡に映った姿を自分だと認識できる動物は、3歳以上の人間と、チンパンジーなどの霊長類、そしてイルカ、ゾウなどのわずかな動物だけです。

イヌは鏡に映っている姿が
自分だとは理解していないので
目の前に現れたイヌの姿に反応し、
追い払おうとして鏡に向かって吠える
吠えてもなにも起こらないので…
……
やがて鏡に向かって
吠えることはなくなっていく
……

6-11

あらぬ方向を見て吠える

不安　警戒　その他

「壁と天井の角っこあたりに向かってときどき吠えるんですけど、原因はなんでしょう？」といった質問をときどき受けます。「それは、まっくろくろすけがイヌには見えるんですよ」とか「霊でも見えるんじゃないですか」とまずは答えるのですが、もちろんそれは冗談。

ほとんどは、飼い主には聞き取れない音に反応しているのです。聞き取れないという意味は、周波数帯と音圧の2つがあります。74ページでお話ししていますが、イヌは私たちが聞き取れない高い周波数の音を聞き取れます。私たちは2万ヘルツ程度までですが、イヌは4万5000ヘルツを超える音も聞き取ることができます。イヌ笛というのをご存じでしょう。あの笛は3万ヘルツ前後の音がでます。私たちには聞こえないけれど、イヌにははっきりと聞こえる周波数帯なのです。

音圧というのは、私たちが気づかないかすかな音にも反応できるということです。このかすかな音に反応する能力は、人間の4倍程度あるといわれています。

一時期、トリミングのシンクのある部屋でしつけ教室を行っていたことがあります。そこは古いビルのテナントで、どうしたぐあいかはわからないのですが、そのシンクの配管がときどき「ボコボコボコ」と音を立てました。そして、この配管の音に、何匹かに1匹は反応して吠えていました。

たとえばマンションなどで、2件隣の1階上の住人がお風呂に入るなどして、その排水の音が発生していたらどうでしょう？　私たちには聞き取れない音圧でも、イヌにはしっかりと聞こえて、反応して吠えることは想像できるでしょう。

もちろん、音の発生源は排水の音だけではありませんが、こうした吠えはマンションのほうが起こりやすいといえるでしょう。事実、あらぬ方向を見て吠えるというイヌは、一戸建てよりもマンションに暮らすイヌのほうが多いのです。

イヌが聞き取れる音の周波数は、4万5000ヘルツ以上
……?
イヌ笛
音の大きさは人間の4倍以上
……?
イヌがあらぬ方向を見て吠えるのは…
飼い主が聞き取れないこうした音に反応しているから

6-12

ドアホンに吠える

警戒　威嚇・警告　その他

多くのイヌたちは、生後2カ月齢前後に飼い主のもとにやってきます。当初、ドアホンに吠えるイヌは皆無です。ドアホンの音がなにを意味するのか、子イヌはまったく知らないわけですから。

飼い始めから4カ月齢までの時期を社会化期といい、これから生きていく環境に探りを入れている時期。自分にとっていいことをもたらすものなのか・相手なのか、それとも避けたほうがいいものなのか・相手なのかを、体験を通じて確認・選別しているのです。確認するためには、相手に近づかないといけません。そこでこの時期は、警戒心よりも好奇心が上回っているのです。

ところが、この社会化期を過ぎると警戒心が好奇心を上回ります。と同時に、テリトリー意識も強くなっていきます。

来客すべてからフードをもらうなどの社会化をしていなければ、多くのイヌが5カ月齢前後からテリトリーに侵入してくる相手に吠えるようになります。来訪者に対する社会化を十分に行っていない場合、成長段階のここで、侵入者に吠えるという学習のスイッチが入るということです。

来訪者の多くは、たとえば宅配便業者などがそうですが、彼らはイヌが吠えている間に帰ってしまいます。吠えた結果、いやなことがなくなるわけですから、来訪者に吠える行動の頻度はどんどん高まります。

そして次に気がつくわけです。テリトリーに他者が侵入する前ぶれを。それはドアホンの音です。それ以降、ドアホンの音（前ぶれ＝先行刺激）→吠える（行動）→いやなことがなくなる（結果）、という三項随伴性のパターンが成立し、ドアホンの音に反応して吠え立てるイヌができあがる、そういうことなのです。

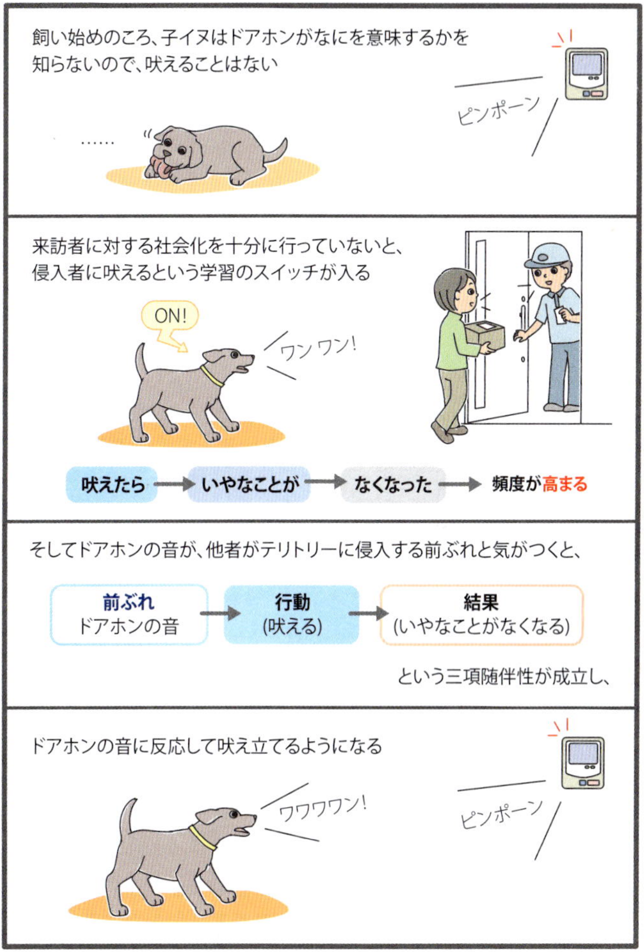
飼い始めのころ、子イヌはドアホンがなにを意味するかを
知らないので、吠えることはない
ピンポーン
……
来訪者に対する社会化を十分に行っていないと、
侵入者に吠えるという学習のスイッチが入る
ON!
ワン ワン!
吠えたら → いやなことが → なくなった → 頻度が高まる
そしてドアホンの音が、他者がテリトリーに侵入する前ぶれと気がつくと、
前ぶれ
ドアホンの音
行動
(吠える)
結果
(いやなことがなくなる)
という三項随伴性が成立し、
ドアホンの音に反応して吠え立てるようになる
ワワワワン!
ピンポーン

6-13

飼い主の電話中に吠える

要求　興奮　その他

最近の多くのマンションは、セキュリティの関係でエントランスの入り口をオートロックにしていて、住人以外は自由に中に入ることができなくなっています。宅配業者など中に入りたい人は、エントランスにあるインターホンで住人に連絡を取り、中に入れてもらいます。このインターホンの呼びだし音から実際に業者が部屋にくるまでは、それなりの時間を要します。呼びだし音→他者の侵入。この流れは数秒以内に起きないと、イヌはインターホンの呼びだし音がテリトリーへの他者の侵入の前ぶれとは理解できません。しかしながら、なかにはこのエントランスからのインターホンの呼びだし音に吠えるイヌもいるのです。

こうした吠えは、侵入者に対する追っ払い吠えとは異なる場合が少なくありません。それはなにかといえば、要求吠えです。

遊んで、かまって、ゴハンチョウダイ、散歩いこうよ、抱いて、となにかしらの要求が根底にあって、その要求が吠えることによってかなえられることを学習している。

要求吠えは、吠えた結果いいことが起きるから習慣化した行動ですから、吠えた結果いいことは起きない、そう対応することでその行動の頻度は減らしていけます。しかしながら、どうしても無視できない状況があるわけです。

たとえば、インターホンで会話しているときとか、電話中などです。無視しても吠えなくなるまでには時間がかかりますし、消去バーストといって、一時的に吠えがひどくなることもあります。そばで吠え立てられれば、相手の話が聞き取れません。仕方なく、おやつを与えたり抱き上げたり、結果としてイヌの吠えに反応してしまうわけです。

最初は会話中に吠えると飼い主がかまってくれることを学び、そしてなかには、その会話の前ぶれが、インターホンの呼びだし音や電話の呼び鈴と気づくイヌがいる、そういうことなのです。

インターホンや電話で会話中に吠えたときに、
仕方なくおやつをあげたりすると…
ワワワワン!
ワンワン!
会話中に
吠えたら
(行動をしたら)
おやつが
(いいことが)
もらえた
(起きた)
頻度が高まる
会話中に吠えたらいいことが起きると学習する
そしてインターホンや電話の呼び鈴を
その会話の前ぶれと気がつき吠えるようになる
ピンポーン
ワワワワン!
この吠えは、侵入者を追い払うためではなく、要求吠え

6-14

その他

寝言をいう

寝ているはずのイヌが、か細い声でキュウキュウ鳴いていたり、力なくバフバフいっていたら、それは間違いなく寝言です。

寝言は、寝ているときのピクつきと同様、レム睡眠時に起きます。夢を見ているのでしょう。もちろん、ピクつきをともなっていることも少なくありません。

ピクつきのところでお話ししましたが、私たちもイヌもレム睡眠とノンレム睡眠を交互に繰り返しています。人間の場合は、繰り返しが90分周期で、そのうちレム睡眠は20～30分続くといわれています。単純計算すると、眠りのうち21～33%がレム睡眠ということです。イヌの場合は20分周期で、その20%はレム睡眠といわれています。

さて、人間の場合は、レム睡眠時に起こせばすぐに起きますが、それ以外のときに起こしてもなかなか目覚めなかったり、寝覚めが悪かったりします。イヌは違います。違うといっても個体差はあるのですが、たとえば私のパートナー犬のダップの場合、寝顔の写真を撮ろうとしても、飼い始めて数年、私はちゃんとした寝顔の写真を撮ることができませんでした。

クレートの中やベッドの上で「寝ているな」と思って、カメラをもって近づくと、薄目を開けるのです。へそ天（安心しきっているときに見せるお腹を上に向ける寝姿）で寝ていてもそうでした。

まぁダップは極端な例かもしれませんが、イヌはちょっとした物音などに反応してすぐに目覚めるのは事実です。目覚めのいいレム睡眠はわずか20%にもかかわらずです。レム睡眠以外でも寝起きがいいようにできている。それが生きのびるために有利なこと、適応的だったということなのでしょう。

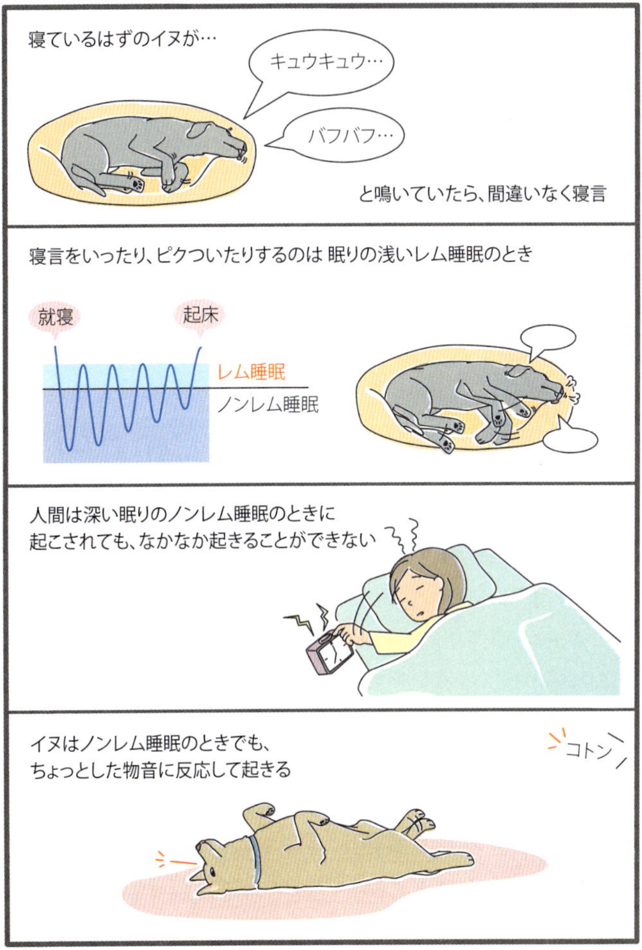
寝ているはずのイヌが…
キュウキュウ…
バフバフ…
と鳴いていたら、間違いなく寝言
寝言をいったり、ピクついたりするのは 眠りの浅いレム睡眠のとき
就寝
起床
レム睡眠
ノンレム睡眠
人間は深い眠りのノンレム睡眠のときに
起こされても、なかなか起きることができない
イヌはノンレム睡眠のときでも、
ちょっとした物音に反応して起きる
コトン

6-15

遊んでいるとうなる

うれしい楽しい　威嚇・警告　興奮

小学生の休み時間を観察すればわかります。わーわー、きゃーきゃーいって遊んでいます。「いって」といいましたが、言葉というよりも叫びに近い。興奮してくると声がでてしまう。人間もイヌも同じです。もっとも、これもすべてのイヌが、というわけではなく、個体差があります。

追いかけっこ遊びをすると、イヌによっては、ほかのイヌを吠えながら追いかけたりします。これは犬種特性も影響するようで、吠えて仕事をするイヌ、シェルティやダックスはけっこうやります。ダックスの血が入っている、わがパートナー犬のダップも、吠えて相手を追いかけ回します。

さて、相手に追いつくと首の皮を噛んだり、首輪を噛んだりするイヌもいます。そうしたイヌが次にやることは、だいたい同じ。うなりながら、噛みついたまま首を左右に振るのです。

ただこのうなりは威嚇のそれとは違います。威嚇の心理状態は不安が根底にありますが、遊びのうなりにはそうした不安はありません。遊びがエスカレートして、その興奮によりうなり声がでてしまうということです。

引っ張りっこの遊びをすれば、ほとんどのイヌがやがてうなりだします。これも、首を左右に振って、あるいはものを引きちぎるような動きをともなってです。

こちらのうなりは、おもちゃを取られまいという心理も入っているでしょう。相手を威嚇しているといえなくもないのですが、威嚇であれば、その後、本気で噛みついてくるはずですから、やはりこちらも不安よりも楽しいという気持ちのほうが強いのだといえるでしょう。

　ただ、興奮させすぎると身近なものをなんでもかんでも噛みついてしまうというイヌもいますので、注意は必要です。

※遊ばせ方に関しては、前著『うまくいくイヌのしつけの科学』にくわしく記しているので、ぜひご参照ください。

引っ張りっこの遊びをすると、
ほとんどのイヌがやがてうなりだす
う～
これには首を左右に振ったり、
ものを引きちぎるような動きをともなう
う～う～
う～う～
このうなりは、不安よりも
楽しい気持ちが強い興奮からでるもの
…ちょー楽しい！
う～う～
う～

6-16

吠えてネコを追いかける

うれしい楽しい
興奮

イヌは逃げるものを追いかけ、噛みつきたくなる、そうした習性があります。ネコは、そうした習性を刺激するかっこうの相手なのでしょう。遊びと同じようなもので興奮をともなっていますから、ネコを追いかけ回すイヌの多くは、吠えながらその行動を起こします。

ただ、すべてのイヌがネコを追いかけ回すわけではありません。私はネコも飼っていますが、ネコと同居させたイヌでネコを追いかけ回すのは、ダップだけです。

ネコと同居させた最初のイヌはプーです。プーが家にきたときには、すでにネコがいました。プーはネコを見つけてはじゃれつこうとするのですが、そのネコは逃げもせず、シャーといってプーにネコパンチをお見舞いするのです。しばらくすると、プーはネコを見つけると視線を合わせなくなりました。そのネコはやがて亡くなり、その子どものネコがわが家に残りました。

ダップがきたときにいたのは、この2代目のネコです。このネコはプーといっしょに育ったため、イヌに対して警戒心がなく、いきなりダップに押さえ込まれてしまいました。ダップにとっては強烈な快感だったのでしょう。それ以来、ダップはそのネコを見つけると、吠えながら追いかけます。ネコのほうは逃げます。逃げる相手はさらに追いかけたくなる。捕まえられなくてもいい、追いかけると逃げる、それを楽しんでいるようです。

さて、最後は鉄。彼が家にきたときにいたのは、ダップに押さえ込まれた過去をもつネコです。ダップと違うのは、このネコは同じ轍《てつ》は踏むまいと、鉄に押さえ込まれないように十分な距離をとるようになっていたのです。ところが鉄が1歳になる前に、家族の一員に加わった新しいネコが鉄を変えました。この新人ネコは逃げなかったのです。そして、ネコパンチを見舞うのです。そう、プーと同じような体験を、鉄はしたのです。以来、鉄はネコを追いかけません。

生まれついての気質と体験による学習、なにごともこの2つの関係が、そののちの行動を形成していくということです。

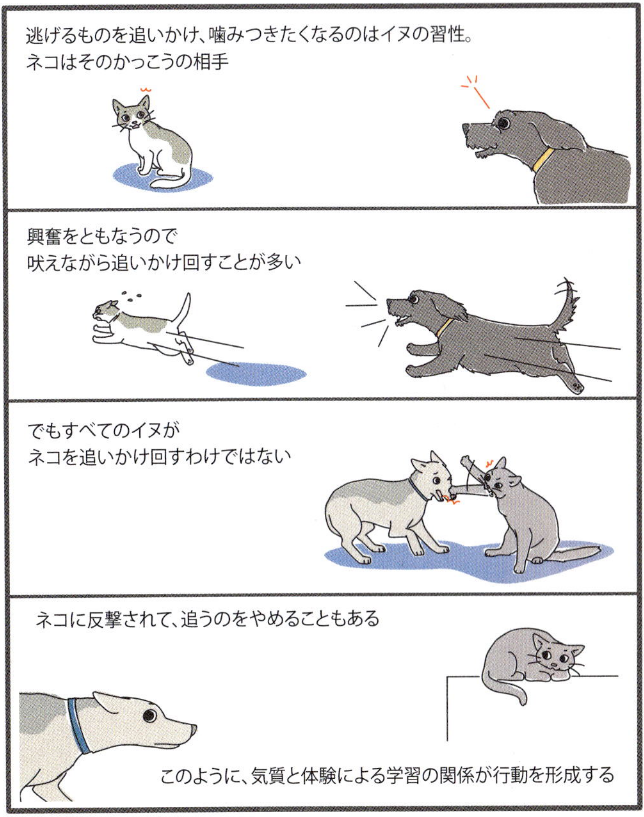
逃げるものを追いかけ、噛みつきたくなるのはイヌの習性。
ネコはそのかっこうの相手
興奮をともなうので
吠えながら追いかけ回すことが多い
でもすべてのイヌが
ネコを追いかけ回すわけではない
ネコに反撃されて、追うのをやめることもある
このように、気質と体験による学習の関係が行動を形成する

6-17 子どもに吠える

警戒　威嚇・警告　不安　その他

社会化期に慣らしていないもの、身近にいなかったものは、将来的に苦手になる、こわがる可能性がある。ですから、小さな子どもが身近にいないイヌは、積極的に子どもたちへの慣らしをしなければ、将来的に子どもが苦手になる。子どもをこわがるようになる。そうした可能性が大きいのです。

一般の飼い主たちは、この社会化の重要性も、社会化期の存在も知りません。しかも、核家族化が進んでいるので、身近に小さな子どもがいることが少ない。子どもを苦手とするイヌがたくさんいるのも、うなずけるところなのです。

そして、いやな相手は近づいてこないように、見つけたら吠える。吠えれば相手は近づいてこない。そればかりか、飼い主は相手から離れるので、イヌからすればやがて相手はいなくなる。吠えるという行動の結果、いやなことがなくなる。こうして、子どもに対して吠える行動は高まっていきます。やがて、ドアホンに吠えるようになるのと同じように、子どもたちの声を耳にするだけで、吠えるようになるのです。

カーミング・シグナルを思いだしてください。カーミング・シグナルの中には、それと真逆のことを行うと、相手に対して挑戦的な態度になるものがあります。急にすばやい動きをする、真正面から真っすぐ近づく、目を見るなどなど、子どもたちはイヌに対して見事にカーミング・シグナルと真逆で挑戦的な態度を示します。しかも、大声をだしたりして。

初代のパートナー犬のプーは、私の子どもたちが幼稚園児だったもので、週に1～2回はお迎えのために幼稚園に行きました。

プーは子どもたちに慣れていましたが、なかには急に耳やシッポをつかむ子どもや、ひどいのになると棒でつつく子まででてくる。

積極的な慣らしを怠れば、イヌは子どもぎらいになる、その気持ちもわかるでしょう。

社会化期に積極的に
子どもたちへの慣らしをしないと
急に動く
真正面から真っすぐ近づく
目を見る
止まらない
大声をだす
イヌにとって子どもはいやな相手となり
イヌは吠えて近づかせないようにする
吠えたら → いやなことが → なくなった → 頻度が高まる
吠えた結果、子どもはイヌに近づかないので
キャー!
ワー!
子どもの声を聞いただけで吠えるようになる

《参考文献》

『ドッグズ・マインド』 ブルース・フォーグル 著、増井光子 監修、山崎恵子 訳（八坂書房、1995年）

『犬の科学』 スティーブン・ブディアンスキー 著、渡植貞一郎 訳（築地書館、2004年）

『動物に「うつ」はあるのか』 加藤忠史 著（PHP研究所、2012年）

『生き物をめぐる4つの「なぜ」』 長谷川眞理子 著（集英社、2002年）

『進化の存在証明』 リチャード・ドーキンス 著、垂水雄二 訳（早川書房、2009年）

『獣医学教育モデル・コア・カリキュラム準拠　動物行動学』 森 裕司、武内ゆかり、内田佳子 著（インターズー、2012年）

『進化しすぎた脳』 池谷裕二 著（朝日出版社、2004年）

『学習の心理』 実森正子、中島定彦 著（サイエンス社、2000年）

『動物たちのゆたかな心』 藤田和生 著（京都大学学術出版会、2007年）

『スキナーの心理学――応用行動分析学（ABA）の誕生』 William T. O'Donohue、Kyle E. Ferguson 著、佐久間 徹 訳（二瓶社、2005年）

『行動分析学入門――ヒトの行動の思いがけない理由』 杉山尚子 著（集英社、2005年）

『犬語の世界へようこそ! カーミングシグナル』 テゥーリッド・ルーガス 著、テリー・ライアン 監修、山崎恵子 訳（Legacy By Mail, Inc.、1997年）

『Stress in Dogs』 Martina Scholz、Clarissa von Reinhardt 著（Dogwise Publishing、2006年）

『マンガでわかる神経伝達物質の働き』 野口哲典 著（ソフトバンク クリエイティブ、2011年）

『CHANGE 14号/Bridge 6号』 ヒトと動物の関係に関する教育研究センター（ERCAZ）/NPO法人日本ペットドッグトレーナーズ協会（JAPDT）、2012年7月1日

索　引

サイエンス・アイ新書 発刊のことば

science·i

「科学の世紀」の羅針盤

20世紀に生まれた広域ネットワークとコンピュータサイエンスによって、科学技術は目を見張るほど発展し、高度情報化社会が訪れました。いまや科学は私たちの暮らしに身近なものとなり、それなくしては成り立たないほど強い影響力を持っているといえるでしょう。

『サイエンス・アイ新書』は、この「科学の世紀」と呼ぶにふさわしい21世紀の羅針盤を目指して創刊しました。情報通信と科学分野における革新的な発明や発見を誰にでも理解できるように、基本の原理や仕組みのところから図解を交えてわかりやすく解説します。科学技術に関心のある高校生や大学生、社会人にとって、サイエンス・アイ新書は科学的な視点で物事をとらえる機会になるだけでなく、論理的な思考法を学ぶ機会にもなることでしょう。もちろん、宇宙の歴史から生物の遺伝子の働きまで、複雑な自然科学の謎も単純な法則で明快に理解できるようになります。

一般教養を高めることはもちろん、科学の世界へ飛び立つためのガイドとしてサイエンス・アイ新書シリーズを役立てていただければ、それに勝る喜びはありません。21世紀を賢く生きるための科学の力をサイエンス・アイ新書で培っていただけると信じています。

2006年10月

※サイエンス・アイ（Science i）は、21世紀の科学を支える情報（Information）、知識（Intelligence）、革新（Innovation）を表現する「ｉ」からネーミングされています。

SoftBank Creative

science·i

サイエンス・アイ新書

SIS-272

http://sciencei.sbcr.jp/

しぐさでわかる
イヌ語《ご》大百科《だいひゃっか》

カーミング・シグナルとボディ・ランゲージで
イヌの本音《ほんね》が丸《まる》わかり！

2013年2月25日　初版第1刷発行

著　　者　西川文二《にしかわぶんじ》
発 行 者　新田光敏
発 行 所　ソフトバンク クリエイティブ株式会社
〒106-0032　東京都港区六本木2-4-5
編集：科学書籍編集部
03(5549)1138
営業：03(5549)1201
装丁・組版　株式会社ビーワークス
印刷・製本　図書印刷株式会社

ISBN 978-4-7973-7143-7

SoftBank Creative